AF453773

NOUVELLES

PLANCHES MURALES

D'HISTOIRE NATURELLE

AVIS DE L'ÉDITEUR

Les *nouvelles planches murales d'histoire naturelle* ont été conçues et exécutées en s'inspirant du plan et des dispositions matérielles qui ont assuré le succès de la collection d'Achille Comte-

Mais elles n'en sont pas moins une œuvre entièrement nouvelle, mise au courant de la science et des besoins de l'enseignement.

La composition des planches a été profondément modifiée ; les sujets représentés ont été puisés aux meilleures sources et reproduits, toutes les fois que cela a été possible, d'après les originaux existant dans les collections du Muséum.

Le *texte* a été l'objet d'améliorations et d'innovations importantes. Chaque planche réduite avec le plus grand soin par la photographie, y est représentée en *fac-simile* en regard de l'explication ; de cette façon, l'élève suivra plus facilement la leçon du professeur, et pourra, quand les planches ne seront plus sous ses yeux, consulter les figures qui ont servi à la démonstration.

Enfin M. H. Gervais a fait précéder chacune des légendes d'une courte notice qui résume l'objet et les points principaux de la leçon à laquelle la planche est destinée.

Le texte devient donc à la fois un guide pour l'enseignement, un memento pour l'élève.

La collection comprend 60 planches ainsi réparties :

Botanique.............. 14
Zoologie.............. 34
Géologie............. 12

Chaque planche peut être vendue separément.

NOUVELLES
PLANCHES MURALES
D'HISTOIRE NATURELLE

PAR

P. GERVAIS

MEMBRE DE L'INSTITUT
PROFESSEUR AU MUSÉUM D'HISTOIRE NATURELLE

———

(3e édition de la collection d'Achille COMTE)

———

Zoologie. — 34 planches

TEXTE EXPLICATIF

PAR

M. Henri GERVAIS

AIDE DE LA CHAIRE D'ANATOMIE COMPARÉE AU MUSÉUM

PARIS
G. MASSON, ÉDITEUR
LIBRAIRE DE L'ACADÉMIE DE MÉDECINE

120, Boulevard Saint-Germain

MDCCCLXXXIII

Droits de reproduction et de traduction réservés.

8239-83. — Corbeil. Typ. et stér. Crété.

PLANCHES MURALES
D'HISTOIRE NATURELLE

ZOOLOGIE

PLANCHES I, II, III ET IV

Classification du règne animal.

Ce tableau, composé de quatre planches, est consacré à la classification du **Règne animal;** nous nous sommes proposé d'y résumer l'ensemble des connaissances acquises sur l'organisation des animaux et de montrer les particularités qui distinguent ces êtres les uns des autres.

Les animaux y sont divisés en deux **sous-règnes,** se subdivisant eux-mêmes en classes, ordres, familles, genres, etc., etc. Le premier de ces sous-règnes ne comprend qu'un seul EMBRANCHEMENT, celui des *Vertébrés;* le second, dans lequel sont groupés tous les *Invertébrés,* comprend les six embranchements suivants : les *Arthropodes,* les *Vers,* les *Mollusques,* les *Échinodermes,* les *Polypes,* et les *Protozoaires.*

1. Embranchement des Vertébrés. — L'embranchement des Vertébrés se divise lui-même, d'après le mode de développement des animaux qu'il renferme, en deux sous-EMBRANCHEMENTS : le premier comprend les *Vertébrés* dits *allantoïdiens*, le second les *Vertébrés anallantoïdiens*.

Les vertébrés qui se font remarquer par la supériorité de leur organisation sont tous pourvus d'un squelette intérieur, le plus souvent osseux ; quelquefois cependant la charpente de leur corps est simplement cartilagineuse ou même fibreuse. Ces deux états, transitoires chez les vertébrés des groupes supérieurs, persistent, au contraire, chez ceux des classes inférieures ; les plagiostomes, les cyclostomes ou bien encore le dernier des poissons, l'amphioxus, peuvent être cités comme exemples.

Le squelette (**fig.** 1, *exemple tiré de l'Orang-outang*) est formé par une succession de segments osseux désignés sous le nom d'OSTÉODESMES ; ils se relient les uns aux autres par un point central appelé *corps de la vertèbre*, sur lequel viennent s'appuyer deux arcs, l'un supérieur protégeant le système nerveux et désigné sous le nom d'*arc neural*, l'autre inférieur et renfermant les organes de la nutrition, que l'on appelle *arc hémal*.

La **figure** 2 représente un ostéodesme complet ; l'exemple est tiré du corps de l'homme, sur lequel on a pratiqué une section transversale au niveau de la région dorsale. L'arc supérieur, composé des *apophyses épineuses*, protège la moelle épinière ; l'arc inférieur formé par les côtes *et*, les cartilages costaux et la pièce sternale *st*, renferme les poumons *p* et *p'*, ainsi que le cœur *c*, en arrière duquel se voient : l'œsophage *œ*, l'artère aorte, etc., etc.

Les arcs de ces ostéodesmes sont tantôt égaux, tantôt inégaux, suivant la région du corps qu'ils occupent, et l'animal chez lequel on les étudie. Nous les trouvons à peu près égaux dans la région caudale de certains mammifères (**fig.** 3, *exemple tiré du Tursio*, sorte de dauphin qui fréquente nos côtes).

La **figure** 4 représente la section transversale du corps d'un poisson ; *sn* est l'*arc neural* surmontant le corps de la vertèbre, *sv* est l'*arc hémal* qui est beaucoup plus grand ;

ils sont tous deux recouverts par les muscles et enfin par la peau.

Les animaux vertébrés ont tous le système nerveux central placé au-dessus des organes de la nutrition. Ces deux systèmes d'organes sont séparés par la colonne vertébrale, comme nous le montre la **figure** 5 représentant le corps de l'homme coupé verticalement par un plan passant par le centre du corps des vertèbres et la ligne médiane du sternum. En arrière de la colonne vertébrale se voient le *cerveau* et la *moelle épinière*; en avant, au contraire, sont placés les organes de la nutrition constituant par leur ensemble les appareils de la digestion, de la respiration, etc., etc.

Le sang de ces animaux, sauf quelques exceptions, est rouge; les globules sont tantôt circulaires, tantôt elliptiques.

Quant au mode de développement des vertèbres, il diffère assez, chez certains de ces animaux, pour permettre de les grouper dans deux SOUS-EMBRANCHEMENTS bien caractérisés : les premiers sont dits *Allantoïdiens*, pour rappeler qu'ils sont pourvus d'une vésicule allantoïde *al* (**fig.** 6, coupe d'un œuf de vertébré allantoïdien, *exemple tiré de l'œuf humain*), organe transitoire qui constitue le placenta des mammifères ; les seconds sont appelés *Anallantoïdiens* parce qu'ils sont toujours dépourvus de cette vésicule. Les uns et les autres. au contraire, ont toujours une vésicule du jaune, appelée *vésicule vitelline*, *vv*, **fig.** 6 ; elle est constamment placée à la face ventrale du corps de l'embryon, chez lequel elle disparaît de très bonne heure si c'est chez un mammifère qu'on l'observe, persiste au contraire jusqu'à la naissance chez les oiseaux et les reptiles, et se retrouve même encore après cette époque chez certains Vertébrés anallantoïdiens, comme le représente la **figure** 8, montrant un jeune saumon quelques jours après sa sortie de l'œuf.

La **figure** 7 montre un embryon de *vertébré anallantoïdien* contenu dans son œuf et sur le point d'éclore ; l'exemple est tiré du *Triton à crête*.

D'autres caractères distinguent entre eux les Vertébrés des différentes classes que nous allons énumérer, et entre autres la disposition de leur cœur, qui possède tantôt quatre *cavités* (Mammifères et Oiseaux), tantôt trois *cavités* par suite de l'absence de cloison inter-ventriculaire (presque tous les Reptiles et les Batraciens), tantôt enfin deux cavités seulement, comme nous le verrons plus tard en étudiant l'appareil de la circulation chez les animaux de la classe des Poissons. Les uns sont pourvus de mamelles et allaitent leurs petits, ce sont les *Mammifères*; ils ont aussi le corps couvert de poils, tantôt soyeux, tantôt en forme de piquants, tantôt agglutinés et formant des sortes d'écailles. Les autres sont pourvus de plumes, ils constituent la seconde classe de vertébrés, ce sont les *Oiseaux*; d'autres enfin ont la peau écailleuse, ils sont groupés en trois classes: ce sont les *Reptiles*, les *Batraciens* et les *Poissons*.

Classe des Mammifères. — La première classe ou celle des **Mammifères**, dans laquelle il faut classer l'homme, comprend les ordres suivants :

1° Les **Singes** (fig. 9, *exemple tiré de l'Orang-outang*); — 2° les **Lémures** ; — 3° les **Chéiroptères** ; — 4° les **Insectivores** ; — 5° les **Rongeurs** ; — 6° les **Carnivores** (fig. 10, représentant une lionne allaitant ses petits) ; — 7° les **Proboscidiens** ; — 8° les **Jumentés** ; — 9° les **Bisulques**, divisés en deux sous-ordres, les RUMINANTS (fig. 11, *exemple tiré de la Vache*) et les PORCINS (fig. 12, *exemple tiré du Porc domestique*) ; — 10° les **Édentés** (fig. 14, *exemple tiré du Pangolin*) ; — 11° les **Phoques** ; — 12° les **Sirénides** ; — 13° les **Cétacés**, divisés en deux sous-ordres : les BALEINIDÉS et les CÉTODONTES (fig. 13, *exemple tiré du Marsouin commun*); — 14° les **Marsupiaux**, les uns Américains (fig. 16, *Sarigue de Virginie*), les autres Australiens (fig. 15, *Kanguroo*); 15° enfin les **Monotrèmes** comprenant les ORNITHORHYNQUES (fig. 17), et les ÉCHIDNÉS (fig. 18, les premiers habitant l'Australie, les derniers l'Australie, la Tasmanie et la Nouvelle-Guinée.

Classe des Oiseaux. — Les **Oiseaux** forment six ordres principaux :

1° Les **Accipitres** ; — 2° les **Passereaux** ; — 3° les **Grimpeurs** ; — 4° les **Gallinacés** (fig. 20, *exemple tiré du Coq et de la Poule domestiques*) ; — 5° les **Echassiers** ; — 6° les **Palmipèdes** (fig. 22, *exemple tiré du grand Pingouin* .

Classe des Reptiles. — La classe des **Reptiles** comprend quatre ordres :

1° Les **Chéloniens** (fig. 23, *exemple tiré de la Tortue grecque*) ; — 2° les **Ophidiens** (fig. 24, *exemple tiré de la Couleuvre de Montpellier*) ; — 3° Les **Crocodiliens** (fig. 25, *exemple tiré du Crocodile*) ; — 4° Les **Sauriens** (fig. 26, *exemple tiré du Lézard ocellé*).

Classe des Batraciens. — Les animaux de cette classe sont répartis en trois ordres qui sont les suivants :

1° Les **Anoures** (fig. 27, *exemple tiré du Crapaud*). Les figures 27″ et 27′ représentent : la première, de jeunes têtards de crapaud à leur sortie de l'œuf : la seconde, un têtard de la même espèce déjà pourvu de ses pattes et au moment où va s'opérer la résorption de la queue ; — 2° Les **Urodèles** (fig. 29, *exemple tiré de la Salamandre marbrée* ; — fig. 29, têtard de la même espèce encore pourvu de ses branchies).

Classe des Poissons. — La classe des **Poissons** est, de beaucoup, plus nombreuse en espèces que toutes celles qui précèdent ; elle contient les ordres suivants :

1° Les **Chondroptérygiens** ou poissons cartilagineux, comprenant les RAIES (fig. 30, *exemple tiré de la Raie bouclée*) et les SQUALES (fig. 33, *exemple tiré du squale Roussette*) ; la **figure** 31 représente la partie antérieure du corps de la *Raie bouclée* vue en dessous pour montrer la position des branchies chez les animaux de ce groupe, caractère qui sert à les distinguer de ceux du groupe suivant, c'est-à-dire des Squales, qui ont toujours les branchies placées sur les côtés du cou. C'est aussi dans le même ordre qu'il faut placer les CHIMÈRES, sortes de poissons qui ne comprennent que deux espèces.

2° Les **Ganoïdes**, parmi lesquels doivent se ranger les ESTURGEONS (**fig.** 34, *exemple tiré de l'Esturgeon commun*).

3° Les **Squamodermes**, poissons à branchies pectinées comprenant : 1° les ACANTHOPTÉRYGIENS (**fig.** 36, *exemple tiré de la Perche*); — 2° les MALACOPTÉRYGIENS subdivisés en ABDOMINAUX (**fig.** 37, *exemple tiré de la Carpe*), SUBBRACHIENS et APODES (**fig.** 38, *exemple tiré de l'Anguille*).

4° Les **Ostéodermes**, dont la peau s'ossifie et forme, chez certaines espèces, une carapace solide (**fig.** 35, *exemple tiré de l'Ostracion*).

5° Les **Dipnés** ou **Lépidosirénidés** qui sont des poissons pourvus à la fois de poumons et de branchies.

6° Les **Cyclostomes** dont les *Lamproies* forment le genre le plus connu.

7° Enfin l'ordre des **Leptocardes** renfermant les plus imparfaits de tous les poissons auxquels on a donné le nom de *branchiostomes* et dont nous représentons une espèce dans la **figure** 39 de ce Tableau.

II. **Embranchement des Arthropodes.** — Les Arthropodes, qui constituent le second embranchement du règne animal, ont pour caractères principaux de manquer de squelette intérieur, d'avoir le corps articulé extérieurement, le système nerveux placé à la face inférieure du corps au-dessous des organes de la nutrition, ainsi que le montre la **figure** 40 représentant la section transversale du corps de la *Langouste*, section pratiquée vers le tiers postérieur du céphalo-thorax. Le système nerveux de ces animaux est en outre composé d'une double série de ganglions le plus souvent séparés, lorsque les anneaux extérieurs du corps sont distincts, quelquefois réunis entre eux lorsque les anneaux se soudent. L'ensemble de ces ganglions constitue la *chaîne ganglionnaire*.

Chez l'embryon des arthropodes, le vitellus est placé à la face dorsale du corps. Ils subissent pendant leur vie des métamorphoses tantôt partielles, tantôt incomplètes.

Les articulés respirent ou par des branchies (*Crustacés, Annélides, etc.*); ou par des trachées (*Insectes, Ara* chnides) ; quelques-uns ont de faux poumons, comme cela se voit chez la plupart des *Arachnides*.

Les **Arthropodes** constituent plusieurs classes qui sont les suivantes :

1° **Classe des Insectes.** — Les insectes sont divisés en plusieurs ordres parmi lesquels nous citerons : 1° Les **Lépidoptères**, c'est-à-dire les Papillons (**fig.** 42, *exemple tiré du Papillon du chou*) ; — 2° les **Orthoptères** (**fig.** 43, *exemple tiré du Grillon*) ; — 3° les **Coléoptères** (**fig.** 44, *représentant le Lucane*) ; — 4° les **Diptères** ; — 5° les **Hyménoptères** (**fig.** 45, *exemple tiré de l'Abeille domestique*) ; — 6° les **Hémiptères**, comprenant les Cigales, les Cochenilles, etc., etc. ; — 7° les **Névroptères**, dont les plus connus sont les Libellules ; — 8° les **Aptères**, ordre dans lequel se rangent les Poux, les Puces, etc., etc.

2° **Classe des Myriapodes.** — Cette classe, qui est la onzième du règne animal et la seconde du sous-règne des Invertébrés, ne comprend que deux ordres : 1° l'ordre des **Chilognathes**, dans lequel se rangent les Iules ; — 2° celui des **Chilopodes** comprenant les Scolopendres (**fig.** 46, *exemple tiré de la grande scolopendre*).

3° **Classe des Arachnides.** — Citons parmi les principaux groupes de la classe des Arachnides les **Scorpions**, les **Araignées** (**fig.** 47, *exemple tiré de la Lycose*) ; les **Galéodes** ; — les **Phalangides** et les **Acares**.

4° **Classe des Crustacés.** — Les animaux de cette classe, pour la plupart marins, ont été répartis en plusieurs groupes constituant autant de sous-classes distinctes et dont les principaux ordres sont : 1° les **Décapodes** (**fig.** 48, *exemple tiré de la Langouste*) ; — 2° les **Stomatopodes** parmi lesquels se rangent les Squilles ; — 3° les **Isopodes** (*exemple tiré du Cloporte*) ; — 4° les **Cirrhipèdes** (**fig.** 49, *exemple tiré de l'Anatife*), etc., etc. C'est aussi parmi les animaux de cette classe qu'il faut ranger les **Linguatules**, sortes de crustacés parasites, ainsi que les **Rotateurs** ou **Systolides** que l'on classait autrefois parmi les Infusoires.

III. Embranchement des Vers. — Les Vers, qui constituent pour les auteurs modernes le second embranchement des Invertébrés, se divisent en deux classes distinctes, la première comprenant les **Annélides**, la seconde les **Helminthes** que l'on pourrait diviser eux-mêmes en plusieurs sous-classes distinctes.

Classe des Annélides. — Parmi les Annélides citons les **Serpules** ou *vers chétopodes céphalobranches* (fig. 52, *exemple tiré de la Serpule*) ; les **Chétopodes Dorsibranches** ; les **Chétopodes Abranches** qui manquent de branchies comme leur nom l'indique, c'est-à-dire les LOMBRICS et les Noïs ; les **Géphyriens** (fig 53, *exemple tiré du Siponcle*) ; enfin les **Hirudinées** dont les plus connues sont les SANGSUES (**fig.** 55, *exemple tiré de la Sangsue médicinale*).

Classe de Helminthes. — Les différents ordres que l'on comprend sous la dénomination générale d'Helminthes sont les suivants : 1° les **Nématoïdes** (fig. 54, *exemple tiré du Strongle géant*) ; — 2° ordre des **Sertulaires** (fig. 58, *exemple tiré de la Planaire*) ; — 3° ordre des **Trématodes** (fig. 56, *exemple tiré de la Douve du foie*) ; — 4° ordre des **Cestoïdes** (fig. 57, *exemple tiré du Tenia solium ou ver solitaire*).

IV. Embranchement des Mollusques. — Les Mollusques constituent le quatrième embranchement du règne animal. Ces animaux ont le corps généralement mou ; le plus souvent ils sont protégés extérieurement par un test calcaire plus ou moins résistant sécrété par l'animal et auquel on donne le nom de *coquille*. Leur système nerveux rudimentaire ne prend jamais la disposition d'une chaîne ganglionnaire, et leur ganglion céphalique est réuni au ganglion placé au-dessous de l'œsophage par des filets nerveux constituant ce que l'on désigne sous le nom de *collier œsophagien* (fig. 59, *exemple tiré de l'Agathine*). La vésicule vitelline est située, chez l'embryon, dans le voisinage de la tête de l'animal et placée sur le côté (**fig.** 60, *exemple tiré du Colimaçon*). L'embranchement des Mollusques se partage en six classes qui sont les suivantes :

Classe des Céphalopodes. — Les animaux de cette classe sont les plus parfaits de tous les mollusques, on les divise en plusieurs ordres qui sont : 1° les **Dibranches** dont les plus connus sont les SEICHES et les POULPES (fig. 61, *exemple tiré du Poulpe commun*) ; — 2° les **Tétrabranches,** comprenant les NAUTILES et un grand nombre de genres fossiles, les AMMONITES, les BÉLEMNITES, etc., etc.

Classe des Céphalidiens. — Ces animaux, dont la tête est encore distincte du corps, se divisent en trois ordres : 1° les **Gastéropodes** (fig. 62, *exemple tiré du Colimaçon des vignes*) ; — 2° les **Hétéropodes** (fig. 63, *exemple tiré de la Carinaire*) ; — 3° les **Ptéropodes** (fig. 64, *exemple tiré du Clio*).

Classe des Lamellibranches. — Les animaux de cette classe ont le corps protégé par une coquille bivalve (fig. 66, *exemple tiré de l'Unio des peintres*).

Classe des Brachiopodes. — Mollusques acéphales comme ceux de la classe précédente, mais dont les deux valves, au lieu d'être placées sur les côtés du corps de l'animal, sont l'une supérieure, l'autre inférieure (fig. 83, *exemple tiré de la Lingule*).

Classe des Tuniciers. — Mollusques également acéphales mais dont le corps dépourvu de coquille est protégé par une peau coriace (fig. 67, *exemple tiré de l'Ascidie*, l'animal a été ouvert pour montrer ses différents organes).

Classe des Bryozoaires. — Renfermant les derniers animaux de l'embranchement des Mollusques et dont nous donnerons pour exemple la CRISTATELLE représentée sur la **figure** 68 de ce tableau.

Le groupe des **animaux rayonnés**, qui formait autrefois l'un des grands embranchements établis par Cuvier, a été divisé, depuis ce naturaliste, par quelques auteurs, en deux embranchements distincts : celui des **Échinodermes** et celui des **Polypes.**

V. **Embranchement des Échinodermes.** — Les animaux de cet embranchement doivent leur nom aux pièces dures dont leur peau est hérissée. Leur corps, de même que celui des *Polypes* que nous étudierons tout à l'heure, est divisible en plusieurs parties disposées comme autant de secteurs autour d'un point central où se trouve généralement placée la bouche ; ce caractère leur a valu le nom de *rayonnés*. Leur système nerveux forme autour de leur bouche une chaîne ganglionnaire. On a réparti les Échinodermes en trois **classes** principales qui sont : 1° celle des **Échinides** (**fig.** 71, *exemple tiré du Cidaris*, vu par sa face inférieure). La **figure** 69 montre la disposition des organes chez le *Spatangue*, la **figure** 70 deux âges d'une larve d'*Oursin*, (1, larve âgée de deux jours seulement ; 2, larve mobile) ; — 2° la **classe** des Stellerides (**fig.** 72, *exemple tiré de l'Étoile de mer*) ; — 3° celle des **Holoturides** (**fig.** 73, *exemple tiré de l'Holoturie*).

VI. Embranchement des Polypes. — Les animaux de l'embranchement des Polypes, que l'on nomme aussi *Cœlentérés*, vivent tantôt isolément, tantôt par colonies ; quelques-uns, comme les ACTINIES ou anémones de mer (**fig.** 77), ne produisent pas de polypiers ; les autres au contraire, comme le CORAIL (**fig.** 78), sécrètent une matière plus ou moins dure qui, dans certains cas, forme des masses assez compactes pour qu'on puisse y tailler des matériaux de construction ; c'est aussi à ces animaux qu'il faut attribuer l'origine de ces îlots auxquels on donne le nom d'*attoles*. D'autres polypes vivent par colonies flottantes ou sont emportés isolément par les vagues : ce sont les ACALÈPHES ; leur corps est généralement mou et présente les formes les plus bizarres.

Les polypes se reproduisent de deux manières : par *division* ou *bourgeonnement* et par *voie sexuée* ; ils sont *dioïques* ou *monoïques*. De l'œuf émis par les individus adultes (**fig.** 74, *exemple tiré des Méduses*) sort une larve ciliée (1) qui ne tarde pas à se fixer (2) et produit par bourgeonnement un certain nombre d'individus qui, arrivés à un développement suffisant, quittent le polypier (3) pour flotter au sein des eaux (4) et devenir ces individus pourvus d'organes génitaux que nous représentons **figure** 75 (*exemple tiré de la Cassiopée*).

Presque tous les Coelentères sont des animaux marins ; quelques-uns pourtant vivent dans nos eaux douces, les Hydres par exemple (**fig.** 76, *exemple tiré de l'Hydre verte*).

L'embranchement des Polypes comprend : 1° la **classe des Acalèphes** dont les principaux types sont les Syphonophores, les Polypo-Méduses (**fig.** 75, *exemple tiré de la Cassiopée*), les Sertulaires et les Hydres (**fig.** 76, *Hydre verte*) ; — 2° la **classe des Zoanthaires** dont les animaux ne subissent pas de transformations analogues à celles des Acalèphes (**fig.** 77, *exemple tiré de l'Actinie*) ; — 3° la **classe des Coralliaires** (**fig.** 78, *exemple tiré du Corail rouge*), les Gorgones, les Pennatulaires (**fig.** 79, *exemple tiré de la Vérétille*), etc., etc.

VII. **Embranchement des Protozoaires.** — Le dernier embranchement du règne animal est celui des Protozoaires ; il est formé par une multitude d'êtres dont la structure est très simple, qui vivent isolément ou par colonies, généralement d'une taille microscopique, et dont le corps est, dans certains cas, soutenu par une charpente calcaire ou siliceuse, dont les restes accumulés en grand nombre jouent un rôle très important dans certaines formations géologiques.

Ces Protozoaires ont été répartis en plusieurs classes encore mal délimitées.

Classe des Spongiaires. — La première de ces classes est celle des Spongiaires ; les animaux qui la constituent n'ont ni tentacules ni tube digestif, quoiqu'ils se rapprochent à certains égards des derniers polypes (**fig.** 82, *exemple tiré de l'Éponge usuelle*). La **figure** 83 donne une coupe théorique de la charpente de l'un de ces êtres ; les flèches indiquent la direction des courants qui circulent à travers les canaux creusés dans l'épaisseur des tissus.

Classe des Foraminifères. — Ces animaux sont pourvus d'un test calcaire ayant quelque analogie avec la coquille de certains mollusques ; leur corps est formé de tissu sarcodaire.

Classe des Infusoires. — Nous citerons comme

exemple des animaux de cette classe les VORTICELLES (fig. 81) et nous terminerons l'énumération de ces êtres microscopiques par les NOCTILUQUES (fig. 84), les RADIOLAIRES (fig. 85), les FORAMINIFÈRES (fig. 86 et fig. 87); par les GRÉGARINES (fig. 88), êtres que l'on trouve à l'état de parasites chez les crustacés et les vers; enfin par les AMIBES et les MYXOMYCÈTES dont la place dans la série des êtres n'est pas encore bien définie.

EXPLICATION DES PLANCHES I, II, III ET IV.

1. Squelette de l'orang-outang.

2. Section transversale du corps de l'homme pratiquée au niveau de la région dorsale et montrant un ostéodesme complet. Au centre, on voit le corps de la vertèbre sur lequel s'appuient les deux lames de l'arc *neural*, partie osseuse protégeant le système nerveux *s.n.* Au-dessous se trouve l'arc *hémal*, formé par les côtes *ct*, et complété en avant par les *cartilages costaux* et les *pièces sternales st*. Cet arc contient les organes de la nutrition : l'œsophage *œ*, l'aorte, le cœur *c* et les deux poumons *p* et *p'* ont été intéressés par cette section ; le tout est enveloppé par les muscles et par la peau.

3. Un ostéodesme dans lequel l'arc *neural* destiné à protéger le système nerveux et l'arc *hémal* renfermant le système vasculaire *s.v.* sont égaux. Cette section a été pratiquée dans la région caudale d'un cétacé, le Tursiops.

4. Cette figure représente la section transversale du corps d'un poisson pratiquée au niveau de la région thoracique ; elle montre l'inégalité de l'*arc neural* et de l'*arc hémal* ; *sn* est la place occupée par le système nerveux, *s.v.* l'espace destiné aux organes de la nutrition. L'aorte *a* est restée en place au-dessous du corps vertébral.

5. **Coupe du corps de l'homme** par un plan passant par le centre du corps des vertèbres et la ligne médiane du sternum. Cette figure est destinée à démontrer que le système nerveux chez les vertébrés est toujours placé au-dessus des organes de la nutrition. C est le *cerveau* ; — ME la *moelle épinière*. Nous voyons en avant de la colonne vertébrale les appareils de la digestion, de la respiration, de l'urination, etc., etc.

6. Cette figure représente l'œuf d'un mammifère en voie de développement. L'embryon est renfermé dans la *poche amniotique* PA. De la cavité abdominale sortent deux vésicules : V.V. la *vésicule vitelline* ou vésicule du jaune qui tend à se résorber, V.A. la *vésicule allantoïde* qui augmente pendant tout le temps que dure le développement et concourt avec le chorion à former le *placenta*.

7. **Embryon de vertébré anallantoïdien** peu de temps avant sa sortie de l'œuf (EXEMPLE TIRÉ DU TRITON A CRÊTE).

8. **Embryon de vertébré anallantoïdien** peu d'instants après sa sortie de l'œuf et pourvu d'une vésicule vitelline V.V. (EXEMPLE TIRÉ DU SAUMON).

9. **Orang-outang.**

10. **Lionne** allaitant ses petits.

11. **Vache.**

12. **Porc domestique.**

13. **Marsouin commun.**

14. **Pangolin.**

15. **Kanguroo** (femelle portant un petit dans sa poche abdominale).

16. **Sarigue** (femelle portant plusieurs petits).

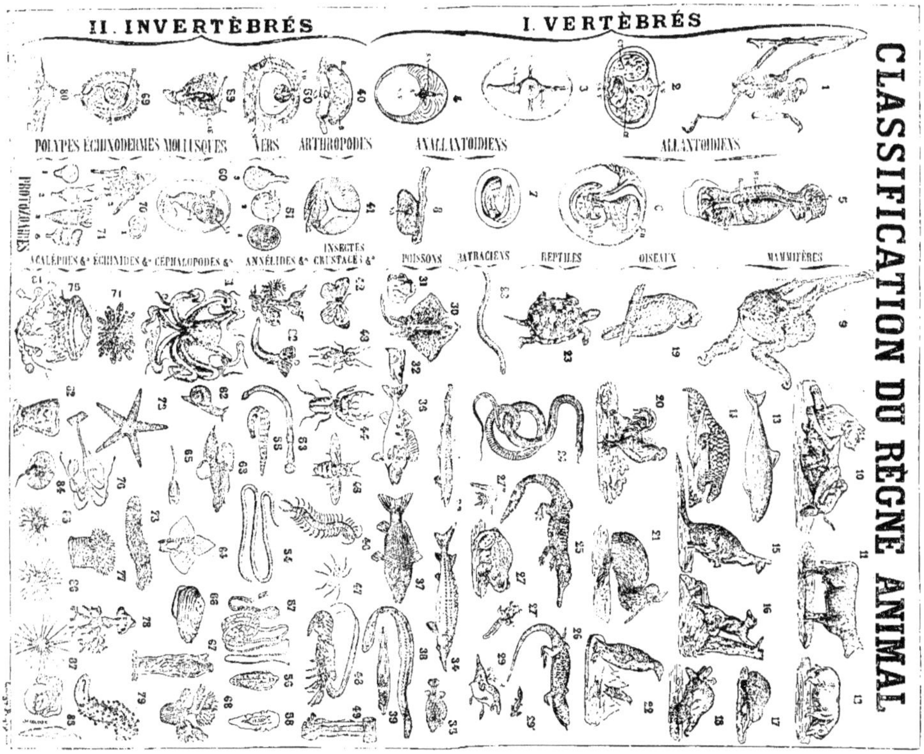
CLASSIFICATION DU RÈGNE ANIMAL
II. INVERTÈBRÉS
I. VERTÈBRÉS
POLYPES ÉCHINODERMES MOLLUSQUES
VERS
ARTHROPODES
ANALLANTOÏDIENS
ALLANTOÏDIENS
PROTOZOAIRES
ACALÉPHES &a
ÉCHINIDES &a
CÉPHALOPODES &a
ANNÉLIDES &a
INSECTES
CRUSTACÉS &a
POISSONS
BATRACIENS
REPTILES
OISEAUX
MAMMIFÈRES

17. **Échidné.**

18. **Ornithorhynque.**

19. **Perroquet.**

20. **Coq et Poule domestiques.**

21. **Aptéryx.**

22. **Grand Pingouin.**

23. **Tortue.**

24. **Couleuvre.**

25. **Crocodile.**

26. **Lézard ocellé.**

27. **Crapaud.**

27'. **Têtards de crapaud** peu de temps après leur sortie de l'œuf.

27'. **Têtard de crapaud** dont les pattes se sont développées mais dont la queue ne s'est pas encore résorbée.

28. **Siphonops.**

29. **Salamandre marbrée,** femelle au moment de la ponte.

29'. **Têtard de salamandre marbrée,** encore pourvu de ses branchies.

30. **Raie bouclée?**

31. **Tête de raie** vue par sa face inférieure pour montrer la position des fentes branchiales.

32. **Tête de squale renard** montrant la position des fentes branchiales.

33. **Squale roussette.**

34. **Esturgeon commun.**

35. **Coffre.**

36. **Perche commune.**

37. **Carpe.**

38. **Anguille.**

39. **Amphioxus.**

40. **Section transversale du corps d'une langouste** pratiquée au niveau des pattes branchiales et montrant que chez les animaux articulés le système nerveux est placé au-dessous des organes de la nutrition : C, le cœur ; — B, les branchies ; — I, l'intestin ; — SN, le système nerveux.

41. **Embryon d'une écrevisse** montrant la position du vitellus VV, placé dans la région dorsale.
42. **Papillon du chou.**
43. **Grillon.**
44. **Lucane ou cerf-volant.**
45. **Abeille.**
46. **Scolopendre.**
47. **Araignée** (EXEMPLE TIRÉ DE LA LYCOSE ALLODRÒME).
48. **Langouste.**
49. **Anatifes.**
50. **Coupe transversale d'un anneau du corps d'un lombric.** VD. Vaisseau dorsal. I, intestin. SN. Système nerveux.
51. **Différentes phases du développement d'un ver Cestoïde** (EXEMPLE TIRÉ DU TÉNIA). 1, œuf dans lequel se trouve une larve en voie de développement ; — 2, larve hexacanthe à sa sortie de l'œuf ; — 3, hydatide. L'animal parfait est représenté dans la figure 57 du même tableau.
52. **Serpule.**
53. **Sipongle.**
54. **Strongle géant.**
55. **Sangsue médicinale.**
56. **Douve.**
57. **Ténia ou ver solitaire.**
58. **Planaire.**
59. **Anatomie d'un mollusque gastéropode** (EXEMPLE TIRÉ DE L'AGATHINE), C.œ, collier œsophagien. E, estomac. A, anus.
60. **Embryon de Gastéropode** encore enfermé dans l'œuf, et montrant la vésicule vitelline VV, réunie par un pédicule à l'intestin I.
61. **Poulpe commun,**
62. **Escargot des vignes,**
63. **Carinaire.**
64. **Clio.**
65. **Lingule.**

66. **Unio des peintres.**
67. **Ascidie.**
68. **Cristatelle.**
69. **Coupe d'un Oursin** montrant les organes digestifs en place. B, la bouche ; — I, l'intestin ; — A, l'anus. (EXEMPLE TIRÉ DU SPATANGUE.)
70. **Larves d'Oursin.** 1, larve deux heures après la sortie de l'œuf. — 2, larve mobile.
71. **Cidaris.**
72. **Astérie.**
73. **Holoturie.**
74. **Différentes phases du développement d'un polype acalèphe.** 1, larve ciliée — 2, jeune polype. — 3, polype en voie de développement.
75. **Polype** à l'état strobilaire et émettant de jeunes méduses.
76. **Hydre d'eau douce.**
77. **Actinie.**
78. **Corail.**
79. **Vérétille.**
80. **Méduse.**
81. **Vorticelles.**
82. **Coupe théorique** à travers le parenchyme d'une éponge.
83. **Éponge.**
84. **Noctiluque.**
85. **Radiolaire.**
86. **Foraminifères.**
87. **Foraminifères.**
88. **Grégarine.**

PLANCHE V

Organes élémentaires.

Les différentes parties de l'organisme des animaux, telles que les **os,** les **muscles,** le **cerveau,** etc., etc., sont, comme nous l'avons vu pour les organes fondamentaux des végétaux, composées d'une multitude de petits corps cellulaires ou tous dérivés de la cellule, auxquels on donne le nom d'*éléments anatomiques.* Ces éléments anatomiques, agencés de différentes façons, constituent ce que l'on appelle un TISSU; plusieurs tissus peuvent concourir à la constitution d'un même organe.

Comme pour l'étude des organes élémentaires des végétaux, pour étudier la structure intime du corps des animaux il faut avoir recours au microscope. L'étude des tissus constitue ce que l'on nomme : l'**histologie.**

La **figure** *a* de cette planche représente une cellule isolée. On y voit en allant de dehors en dedans : 1° une *membrane-enveloppe;* 2° un *contenu liquide* plus ou moins granuleux; 3° au centre un *noyau* ou sorte de vésicule dans laquelle on aperçoit quelquefois un ou plusieurs *nucléoles,* qui sont surtout apparents dans la **figure** *b.* Les cellules peuvent affecter différentes formes; elles peuvent être SPHÉRIQUES (**fig.** *a*), POLYÉDRIQUES, comme le représente la **fig.** *q,* (*exemple tiré de l'émail*), FUSIFORMES (**fig.** *l, exemple tiré des fibres musculaires lisses*), ÉTOILÉES (**fig.** *o, exemple tiré des os*), etc., etc.

Les cellules se multiplient par segmentation : cette segmentation commence par le noyau qui se divise en deux, en quatre et même en un plus grand nombre de noyaux secondaires, comme le représente la **figure** *c* (*exemple tiré des glo-*

bules sanguins de l'embryon du poulet), ou bien encore les **figures** *d, e, f, g*, représentant différentes phases du développement de l'œuf d'un ver intestinal du genre Ascaride, œuf constitué au début par une cellule unique.

Notons en passant que le sang, comme nous le verrons plus tard, est un tissu composé d'une multitude de cellules appelées *globules sanguins*, cellules nageant dans un liquide appelé *plasma* dont la densité est très variable suivant le tissu que l'on étudie, comme nous le verrons tout à l'heure en parlant du cartilage, des os, etc., etc.

Nous venons de voir que les éléments anatomiques de même nature constituent par leur réunion, qu'ils soient enchevêtrés ou simplement juxtaposés, ce que l'on nomme **un tissu**. On distingue plusieurs sortes de tissus ; citons parmi les principaux : 1° le TISSU ÉPIDERMOÏDE (Voir pl. XXII, *peau*, etc.) ; 2° le TISSU CONJONCTIF ; 3° le TISSU ÉLASTIQUE *k* ; 4° le TISSU CARTILAGINEUX *n* ; 5° le TISSU OSSEUX *o* ; 6° le TISSU MUSCULAIRE *m* ; 7° le TISSU NERVEUX *n*, etc., etc.

1° Le tissu conjonctif ordinaire se retrouve dans les tendons, les ligaments, les aponévroses, etc. etc., (**fig.** *h, i* et *k*).

2° Le *tissu musculaire* se présente à nous sous l'aspect de masses plus ou moins charnues composés de *fibres striées* (**fig.** *m)* qui sont soumises à l'action des nerfs venant du cerveau ou des racines antérieures de la moelle ; ces fibres sont surtout affectées aux mouvements. D'autres fibres musculaires, appelées *fibres lisses*, entrent dans la composition des organes de la nutrition, telles que l'estomac, l'intestin, etc. ; elles sont soumises à l'action du système nerveux sympathique et leurs mouvements sont involontaires.

3° Le *tissu cartilagineux* (**fig.** *n* représentant une section d'un cartilage costal dans laquelle on voit les cellules reliées entre elles par la substance fondamentale). Ces cellules sont limitées par une capsule qui peut contenir une, deux, ou un plus grand nombre de cellules présentant au centre un ou plusieurs noyaux.

4° Le *tissu osseux* dans lequel la substance fondamentale acquiert une solidité très grande par sa combinaison avec certains sels calcaires.

La **figure** *o* représente la section transversale d'une portion d'os. On y voit les ostéoplastes, ou cellules osseuses groupées autour des canalicules de Havers par lesquels passent les vaisseaux sanguins.

La **figure** *o'* représente une section longitudinale du même os, les canaux vasculaires s'anastomosent entre eux. Autour de ces canaux se groupent les ostéoplastes dans lesquels viennent aboutir une multitude de petits canalicules leur donnant un aspect étoilé, comme cela se voit **figure** *o''* et au centre desquels se trouve, à l'état frais, une cellule pourvue de son noyau (**fig.** *o'''*).

Les DENTS, organes durs implantés sur les mâchoires, se rapprochent beaucoup des os par leur structure. Nous représentons dans la **figure** *p* la section longitudinale d'une incisive humaine. On y remarque en effet une substance fondamentale très dense au milieu de laquelle sont disposés, parallèlement les uns aux autres, des tubes très fins appelés CANALICULES DENTAIRES. Ces canalicules dentaires constituent ce que l'on nomme l'*ivoire*; la **figure** *p'* les montre considérablement grossis, ils sont disposés parallèlement les uns aux autres. Des coupes transversales à leur direction (**fig.** *p''*) nous montrent sous forme de petits cercles très rapprochés les uns des autres la lumière de ces canalicules. Toute la partie de la dent située en dehors de l'alvéole est recouverte par une couche de substance transparente et très dure, lorsque l'organe a atteint son entier développement, à laquelle on donne le nom d'*émail*. Cette substance est formée d'une multitude de petits prismes accolés les uns aux autres comme cela se voit **figure** *q*, et *q'*, la première nous les montrant sur une coupe longitudinale, la seconde sur une section transversale.

5° Le *tissu nerveux* qui est composé tantôt de cellules (centres nerveux, cerveau, moelle, etc.), tantôt de fibres (nerfs).

Les cellules nerveuses peuvent être APOLAIRES (**fig.** *r*), UNIPOLAIRES, BIPOLAIRES, MULTIPOLAIRES, etc., etc., c'est-à-dire qu'elles donnent naissance à un, à deux ou à plusieurs prolongements, origines de fibres nerveuses ou servant à les faire communiquer entre elles.

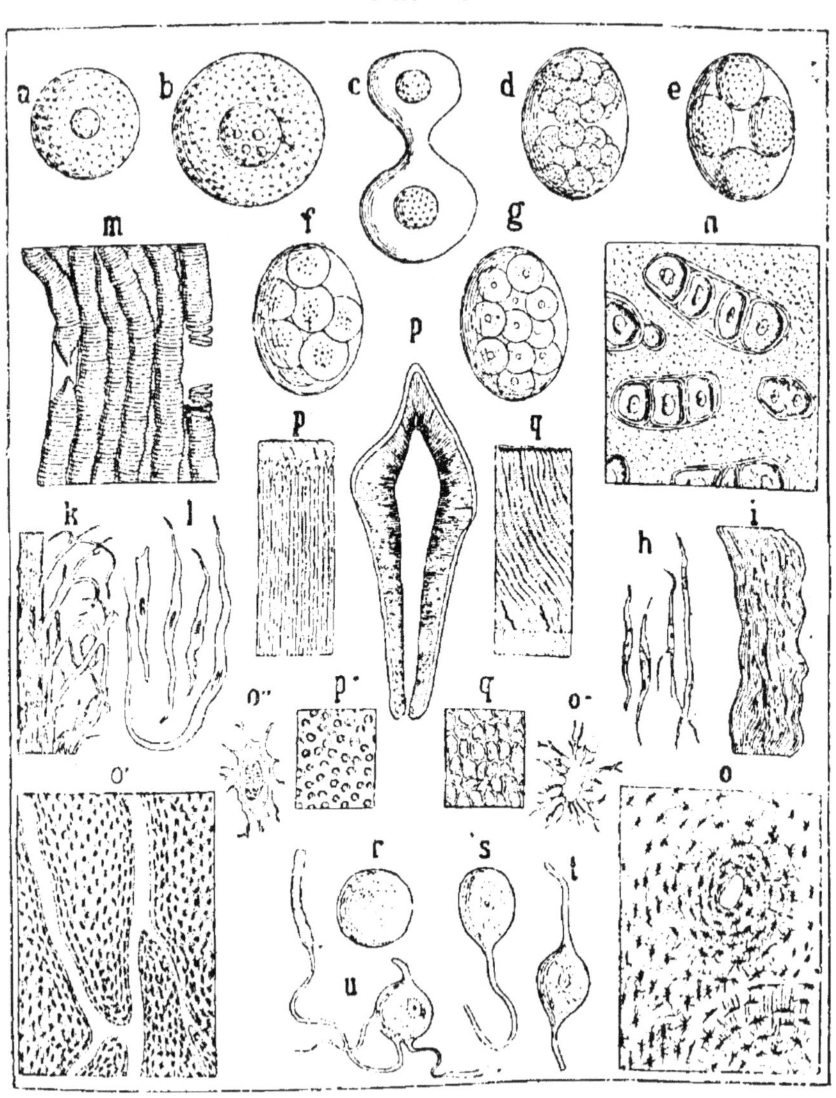

ORGANES ÉLÉMENTAIRES

(TISSUS).

EXPLICATION DE LA PLANCHE V.

a   **cellule pourvue de son noyau** (*nucleus*).

b   **cellule dont le** *nucleus* **renferme des** *nucléoles*.

c   **cellule se multipliant par division** (EXEMPLE TIRÉ DES GLOBULES SANGUINS DE L'EMBRYON DU POULET).

d,e,f,g, **cellules se multipliant par segmentation** (EXEMPLE TIRÉ DU VITELLUS D'UN VER INTESTINAL DU GENRE ASCARIDE).

h   **cellules formatrices des fibres élastiques du tendon d'Achille.**

i   **tissu conjonctif lâche.**

k   **fibres élastiques des ligaments jaunes.**

l   **fibres musculaires lisses.**

m   **faisceaux de fibres musculaires striées.**

n   **cartilage.**

o   **section transversale de la diaphyse d'un os** (EXEMPLE TIRÉ DU FÉMUR DE L'HOMME). Autour d'un *canalicule de Havers* se trouvent rangés les *ostéoplastes*.

o′   **section longitudinale de la diaphyse d'un os** (EXEMPLE TIRÉ DU FÉMUR DE L'HOMME). Section des canalicules de Havers sur une partie de leur trajet.

o″   **cellule osseuse avec son noyau.**

o‴   **cellule osseuse pourvue de ses ramifications vasculaires.**

p   **coupe longitudinale d'une dent incisive de l'homme.**

p′   **ivoire** (COUPE PARALLÈLE A LA DIRECTION DES TUBES).

p″   **ivoire** (COUPE PERPENDICULAIRE A LA DIRECTION DES TUBES).

q   **émail** (COUPE PARALLÈLE A LA DIRECTION DES PRISMES).

q′   **ivoire** (COUPE PERPENDICULAIRE A LA DIRECTION DES PRISMES).

r   **cellule nerveuse apolaire.**

s   —   —   **unipolaire.**

t   —   —   **bipolaire.**

u   —   —   **multipolaire.** (L'un de ses pôles se continue par un filet nerveux.)

PLANCHES VI ET VII

Appareil digestif de l'homme.

Les planches VI et VII de cette collection nous montrent dans son ensemble l'**appareil digestif** de l'homme, appareil au moyen duquel s'accomplit l'acte de la **digestion**, dont le principal but est de fournir à l'économie animale les nombreux matériaux destinés à remplacer ceux qu'elle consomme par l'exercice de sa propre activité.

Le **tube digestif**, dans les animaux supérieurs, présente certaines modifications et ces modifications, comme nous le verrons plus tard, sont en rapport avec le genre de vie de l'animal. Chez tous les vertébrés il commence à la partie antérieure du corps par un orifice auquel on donne le nom de BOUCHE, et se termine à la partie postérieure par l'ANUS. Ces deux orifices sont munis d'un SPHINCTER formé de fibres musculaires striées soumises à l'action de la volonté ; toute la portion du tube qui les sépare ne contient au contraire que des fibres sur lesquelles agit surtout le système nerveux sympathique.

Dans tous ces animaux, en arrière de la *bouche* se trouve un tube membraneux appelé *œsophage*, dont le trajet est plus ou moins long, et qui conduit les aliments dans l'estomac. Puis le tube digestif se rétrécit pour constituer l'*intestin grêle* duquel les résidus de la digestion passent dans le *gros intestin* pour être enfin rejetés au dehors en traversant l'orifice postérieur, l'*anus*.

Aux différents organes que nous venons d'énumérer et qui sont le siège d'une élaboration particulière des aliments, se trouvent annexées des **glandes** dont la présence n'est pas constante chez tous les animaux.

Nous donnerons simplement ici l'énumération des différentes parties de l'appareil digestif de l'homme auquel nous consacrons les planches VI et VII, renvoyant pour plus de détail aux différents traités de zoologie en usage dans nos écoles. A l'entrée du tube digestif se voient les LÈVRES ; ces organes servent surtout à la préhension des aliments. Puis vient la BOUCHE (B), cavité dans laquelle les aliments sont broyés au moyen d'organes durs implantés sur les mâchoires, les DENTS, entre lesquelles se meut la LANGUE (L), organe charnu favorisant la mastication des aliments qui sont imprégnés d'un liquide particulier appelé SALIVE sécrété par les GLANDES *parotides* (Gl.p.), *sous-maxillaires* (Gl.s.m.), et *sublinguales* (Gl.s.l.). La première de ces glandes s'ouvre par un canal sur la paroi interne des joues au niveau des molaires supérieures, les deux autres à la partie antérieure de la cavité buccale, de chaque côté du frein de la langue.

De là, par un mouvement de déglutition auquel concourent la *langue, le voile du palais,* la *luette* (L.) et l'*épiglotte* (E.g.), le **bol alimentaire** traverse le PHARYNX OU ARRIÈRE-BOUCHE (Ph.), pour se rendre dans l'OESOPHAGE Œ. Les mouvements de contraction de ce tube conduisent bientôt les aliments jusqu'à l'ESTOMAC (E), vaste cavité musculo-membraneuse où sont absorbées directement par les veines les matières liquides chargées de certains sels.

A l'entrée de l'estomac, les aliments rencontrent un anneau musculeux, le CARDIA ; à leur sortie de cet organe ils doivent franchir un orifice étroit, le PYLORE, *Py*, en arrière duquel commence l'intestin grêle, par une partie peu étendue et recourbée sur elle-même, appelée DUODENUM (*Dd*); c'est là que le FOIE et le PANCRÉAS (P) déversent, le premier de ces organes la *bile*, le second le *suc pancréatique*, sécrétions qui jouent un grand rôle dans l'acte de la digestion en agissant surtout sur les matières grasses et les matières amylacées pour les rendre assimilables. La première portion de l'intestin grêle (*Ig.*). est désignée sous le nom de JÉJUNUM, la seconde porte celui d'ILÉON. L'iléon vient verser dans le gros intestin les résidus de la digestion à travers la VALVULE ILÉO-CÆCALE *V.i.c.* sorte de repli disposé de manière à empêcher les aliments de remonter vers l'intestin grêle et à favoriser leur accumulation dans le CÆCUM C, d'où ils continuent leur marche à travers le COLON ASCENDANT C.*a.*, le COLON TRANSVERSE C.*t.*, le COLON DESCENDANT, C.*d.* et le RECTUM, R.*t.* jusqu'à l'ANUS, pour être enfin rejetés hors de l'économie.

Toute la surface externe de l'intestin est tapissée par une membrane muqueuse dont l'aspect varie suivant les différents organes où on l'étudie. La portion de la muqueuse qui tapisse l'estomac contient de nombreuses glandes sécrétant le suc gastrique ; celle de l'intestin, qui est hérissée d'une multitude de villosités, contient aussi des glandes, les unes en cul-de-sac appelées glandes de Lieberkühn, les autres désignés sous le nom de *follicules clos*.

La **figure** B représente une coupe faite à travers la paroi de l'intestin grêle. On y voit à gauche deux VILLOSITÉS recouvertes de leur *épithélium* et pourvues de leur *chylifère central;* l'un de ces vaisseaux communique par sa base avec le réseau des chylifères contenus dans l'épaisseur de la muqueuse. L'une des villosités de droite nous montre le *chylifère central* entouré des *capillaires sanguins;* la seconde ne montre que les vaisseaux artériels et veineux. A la base des villosités de gauche se voient une série de GLANDES DE LIEBERKUHN et au centre de la **figure** un FOLLICULE CLOS entouré d'un réseau de chylifères. Les différentes couches qui composent la paroi de l'intestin grêle sont, en allant de dedans en dehors : 1° la couche muqueuse (*épithélium, glandes, muscles,* etc.) ; — 2° la couche de tissu conjonctif; — 3° la couche des fibres musculaires circulaires ; — 4° la couche des fibres musculaires longitudinales; — 5° le péritoine ou membrane séreuse.

La **figure** C nous montre la structure du foie.

EXPLICATION DES PLANCHES VI ET VII.

Fig. A. Tube digestif.

B. bouche ; — *L.* langue ; -- *Gl.p.* glande parotide ; — *Gl.s.m.* glande sous-maxillaire ; — *Gl.s.l.* glande sub-linguale ; *L.* luette ; — *Ph.* pharynx ; — *E.g.* épiglotte ; — *T.* trachée ; — *Œ.* œsophage ; — *C.* cardia ; — *E.* estomac ; — *Py.* pylore ; — *R.* rate (artère, veine splénique et vaisseaux gastro-spléniques) ; — *P.* pancréas et ses deux canaux pancréatiques ; — *F.l.d.* foie (lobe droit) ; — *F.l.g.* foie (lobe gauche) ; — *V.b.* vésicule biliaire ; — *C.h.* canal hépatique ; — *C.cy.* canal cystique ; — *C.cl.* canal cholédoque ; — *V.c.* veine cave ; — *V.p.* veine porte ; — *A.h.* artère hépatique ; — *Dd.* Duodenum (dans lequel on a pratiqué une fenêtre pour montrer l'*ampoule* de Water, point où le *canal cholédoque* et le *canal pancréatique* accolés débouchent dans l'intestin. Au-dessus se voit l'orifice du canal pancréatique supplémentaire) ; — *I.g.* intestin grêle ; — *V.l.c.* valvule iléo-cæcal ; — *C.* cæcum ; — *A.c.* appendice iléo-cæcal ; — *C.a.* colon ascendant ; — *C.t.* colon transverse ; — *C.d.* colon descendant ; — *S.i.* sinus iliaque ; — *R.t.* rectum ; — *A.* anus.

Fig. B. Coupe de l'intestin grêle (VUE A UN FORT GROSSISSEMENT).

Fig. C. Coupe d'une portion du parenchyme du foie.

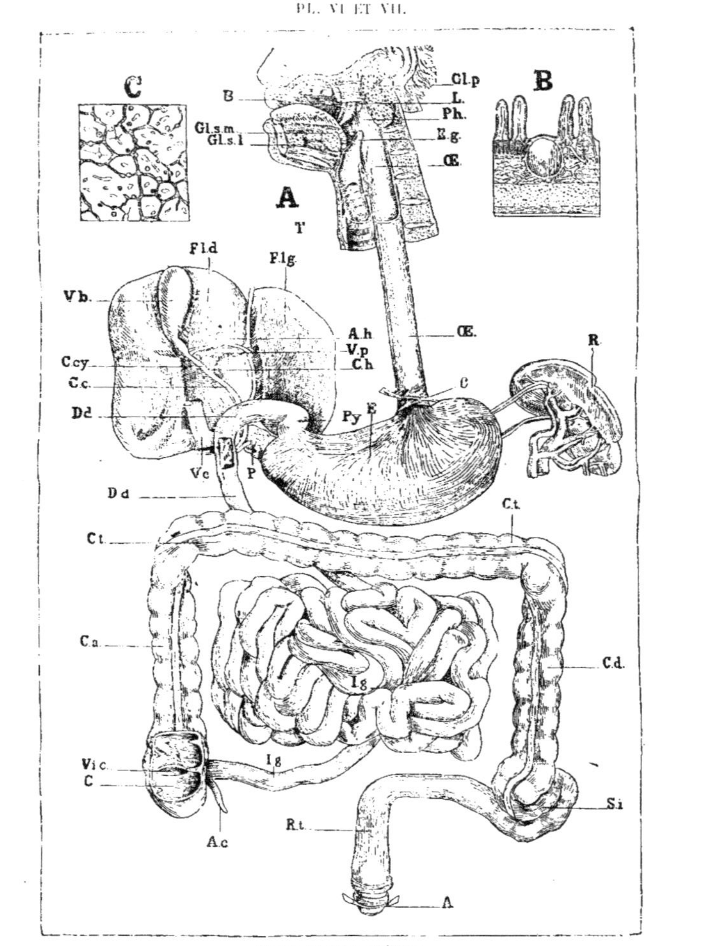

APPAREIL DIGESTIF DE L'HOMME.

PLANCHE VIII

Vaisseaux lymphatiques et circulation de la lymphe.

La plus grande partie des aliments liquides ou solubles introduits dans le tube digestif sont absorbés directement par les veines des parois de l'estomac ou de l'intestin grêle, mais il n'en est pas de même pour les autres aliments. Ces derniers, en effet, sont absorbés par des rameaux spéciaux terminés en cul-de-sac comme nous l'avons déjà vu (pl. VI) en étudiant la structure de l'intestin et auxquels donne le nom de **vaisseaux chylifères.** Si l'on ouvre le corps d'un animal quelques instants seulement après qu'il a pris sa nourriture, et au moment où sa digestion s'opère, on voit ces vaisseaux, auxquels quelques auteurs ont donné le nom de **vaisseaux lactés,** gorgés d'un liquide blanc laiteux assez épais, le *chyle*.

Ces vaisseaux, à leur sortie des parois de l'intestin, sont enveloppés par les deux feuillets du péritoine, feuillets qui, par leur accolement, constituent le MÉSENTÈRE. Chemin faisant, ils s'anastomosent entre eux et se pelotonnent sur eux-mêmes, pour constituer les GANGLIONS MÉSENTÉRIQUES, d'où ils vont ensuite, par un grand nombre de troncs, se jeter dans le CANAL THORACIQUE au point où ce vaisseau présente le renflement désigné par les anatomistes sous le nom de CITERNE OU RÉSERVOIR DE PECQUET (RP). Ce canal thoracique, qui a déjà reçu toute la lymphe de l'abdomen ainsi que celle des membres inférieurs, se dirige, en suivant le côté gauche de la colonne vertébrale, vers la partie supérieure du tronc, pour aller verser le liquide qu'il contient dans la veine sous-clavière gauche (*V. s. cl. g.*).

La lymphe contenue dans tous les vaisseaux et ganglions lymphatiques du côté droit de la tête, du membre supérieur droit, ainsi que ceux de toute la portion droite du thorax, va se jeter dans un second vaisseau lymphatique moins développé que le précédent et auquel on a donné le nom de GRANDE VEINE LYMPHATIQUE DROITE. Après un court trajet, cette veine lymphatique droite se jette dans la veine sous-clavière située sur le même côté du corps (*V. s. cl. d.*).

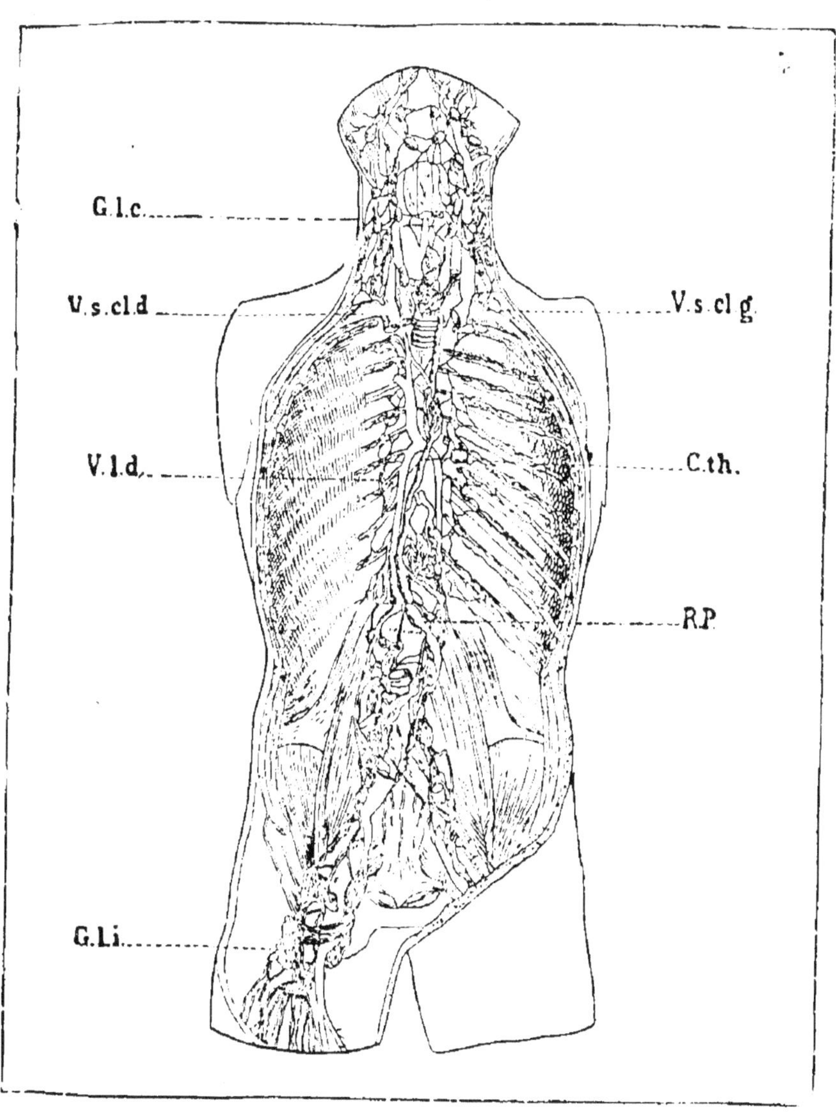

G.l.c.
V.s.cl.d
V.s.cl.g.
V.l.d.
C.th.
R.P.
G.l.i.

VAISSEAUX LYMPHATIQUES; CANAL THORACIQUE; GRANDE VEINE
LYMPHATIQUE DROITE.

C. th. Canal thoracique.

R. P. Réservoir de Pecquet.

V. l. d. Veine lymphatique droite.

G. l. c. Ganglion lymphatique cervical.

G. l. i. Ganglion lymphatique inguinal.

V. s. cl. g. Veine sous-clavière gauche.

V. s. cl. d. Veine sous-clavière droite.

PLANCHE IX

Système dentaire
et composition vertébrale du crâne
chez l'homme.

La première partie de cette planche est consacrée à l'étude de la **dentition** de l'homme. Les dents, organes disposés pour broyer les aliments, sont au nombre de vingt seulement chez l'enfant ; à cette époque elles constituent par leur ensemble ce que l'on appelle la **dentition de lait** ; puis elles tombent bientôt une à une vers l'âge de sept ans environ, sont remplacées par les dents de la seconde dentition et atteignent enfin, vers l'âge de vingt à vingt-cinq ans, le chiffre de trente-deux pour les deux mâchoires. Il y en a chez l'adulte seize à la mâchoire inférieure, seize à la mâchoire supérieure.

On distingue trois sortes de dents, savoir : les *incisives*, les *canines* et les *molaires*. Il y a deux paires d'incisives à chaque mâchoire, suivies, de chaque côté, par une canine après laquelle viennent se ranger, dans la dentition de lait, deux paires de molaires apparentes seulement, tandis que chez l'adulte il y en a quatre paires, ce qui porte le nombre total de ces organes au chiffre de trente-deux. Ce que l'on exprime par les formules suivantes :

$$\frac{2}{2}\ i.\ \frac{1}{1}\ c.\ \frac{2}{2}\ m. \times 2 = 20 \text{ (dentition de lait)}.$$

et

$$\frac{2}{2}\ i.\ \frac{1}{1}\ c.\ \frac{5}{5}\ m. \times 2 = 32 \text{ (dentition de l'adulte)}.$$

On distingue dans la dent trois parties principales : 1° la RACINE, portion par laquelle cet organe est implanté dans l'alvéole ; 2° la COURONNE, portion extérieure de l'organe recouverte d'émail et qui sert à broyer ou à diviser les aliments ; 3° le COLLET, qui sert de ligne de démarcation entre la racine et la couronne.

La **figure** *a* représente les mâchoires supérieure et inférieure de l'homme adulte ; la table externe de l'os a été enlevée pour mettre à nu toutes les racines des dents. Nous voyons en avant et à chaque mâchoire : les INCISIVES, suivies d'une dent plus forte et plus longue qui est la CANINE, après laquelle viennent se ranger les molaires, dont les deux premières, plus petites, portent le nom d'A-VANT-MOLAIRES et sont suivies à leur tour de trois molaires beaucoup plus fortes que l'on désigne sous le nom d'AR-RIÈRE-MOLAIRES. La dernière arrière-molaire de chaque mâchoire porte plus particulièrement le nom de DENT DE SAGESSE.

A chacune des racines de ces différents organes se rend un filet nerveux accompagné d'une artère et d'une veine.

Les **figures** *b* et *b'* montrent les dents de l'homme adulte vues par la couronne. La **figure** *b* représente la mâchoire supérieure droite, au-dessous de laquelle (**fig.** *b'*) se voit la mâchoire inférieure du même côté.

La **figure** *c*, dans laquelle la face externe de l'os maxillaire a aussi été enlevée, est destinée à montrer la denti-tion de lait. Cinq dents seulement, à chaque mâchoire, sont sorties de leur alvéole. Au-dessous d'elles on voit les germes des dents permanentes ou dents de la seconde dentition ; ces germes en voie de développement sont prêts à chasser les organes déjà apparents, les autres sont destinés à venir se ranger à leur suite sur l'arcade dentaire.

Les dents avant leur apparition se présentent, comme les poils, les ongles, etc., sous la forme d'un bulbe contenu dans un sac membraneux (**fig.** *e*). Ce bulbe pulpeux qui reçoit des nerfs et des vaisseaux sanguins grandit peu à peu (**fig.** *f*) et finit enfin par percer la gencive (**fig.** *g*). Si on l'étudie au microscope et à un fort grossissement (**fig.** *d*), on trouve qu'il est constitué en allant de dehors en dedans par les parties suivantes : 1° l'ENVELOPPE OU SAC DENTAIRE ; 2° la PULPE DE L'ÉMAIL ; 3° l'IVOIRE disposé en lamelles ; 4° enfin, au centre, la PAPILLE DENTAIRE par la base de laquelle pénètrent les vaisseaux nourriciers de l'organe.

La seconde partie de la planche IX est destinée à faciliter l'étude de la **tête osseuse** de l'homme. La **figure** *h* représente cette partie du corps encore pourvue des deux muscles puissants auxquels on donne le nom de **muscle temporal** et **muscle masséter**. Les différents os du *crâne* et de la *face* sont articulés entre eux.

La **figure** *i* est plus spécialement destinée à faciliter l'étude des différents os qui concourent à former la tête et sur l'énumération desquels nous reviendrons lorsque nous ferons l'étude du squelette. Elle montre aussi que cette partie du squelette de l'homme, comme les différentes parties du tronc, est constituée par une série de VERTÈBRES[1] dont le nombre est de quatre. Chacun de ces segments est composé d'un *arc neural* s'appuyant sur un os central qui est le corps de la vertèbre, au-dessous duquel se trouve l'arc inférieur ou *arc hémal*.

Les quatre segments portent chacun un numéro indiquant le rang qu'ils occupent; ce numéro n'est suivi d'aucune lettre pour le corps de la vertèbre ou centre, il est suivi au contraire de la lettre *a* sur les pièces appartenant à *l'arc neural*, de la lettre *b* sur les pièces appartenant à *l'arc hémal*.

L'arc neural protège les centres nerveux, l'arc hémal est destiné à contenir les organes de la nutrition.

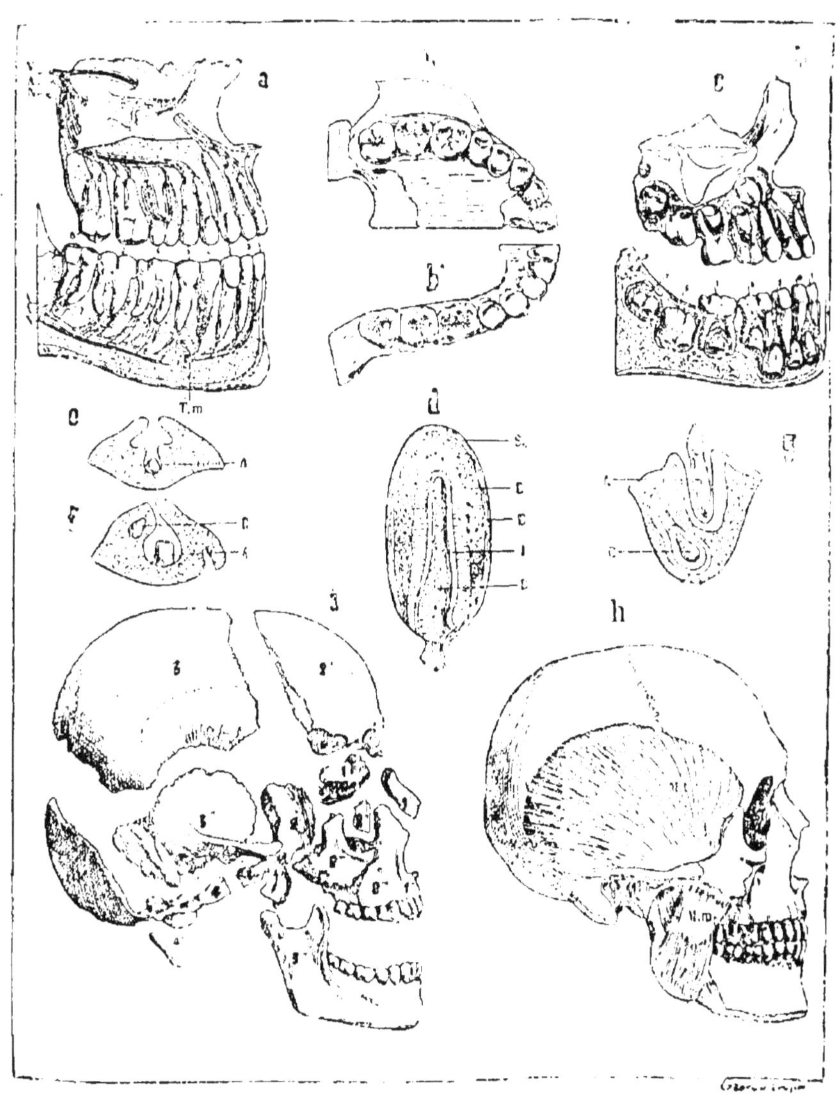

SYSTÈME DENTAIRE ET COMPOSITION VERTICALE DU CRANE
CHEZ L'HOMME.

EXPLICATION DE LA PLANCHE IX.

Fig. a. Dentition de l'homme adulte. Mâchoires supérieure et inférieure vues par la face externe. (La table externe de l'os a été enlevée pour laisser voir les différentes parties des dents, leurs rapports, ainsi que les vaisseaux sanguins et les nerfs qui se rendent à ces organes.)

— **b,b′. Dentition de l'homme adulte.** Mâchoires supérieure et inférieure (côté droit) disposées pour montrer les dents vues par la couronne.

— **c. Dentition de lait chez l'enfant.** Les dents de la première dentition, dites aussi *dents de lait*, sont sorties de leurs alvéoles. Au-dessous d'elles se voient les dents permanentes qui doivent bientôt les chasser, et plus en arrière celles qui doivent compléter la dentition de l'individu adulte et porter le nombre des dents au chiffre de 32.

— **d. Bulbe dentaire très grossi.**

— **e, f, g. Phases diverses du développement d'une dent de lait.**

— **h. Crâne de l'homme dont les différents os sont articulés entre eux.** Les muscles temporal et masséter ont été laissés en place.

— **i. Crâne de l'homme désarticulé.** 1, ethmoïde; 1ᵃ, os du nez; — 1ᵇ, os incisif; — 2, sphénoïde, partie antérieure; — 2ᵃ, os frontal; — 2ᵇ, zygomatique ou malaire; — 2ᶜ, maxillaire supérieur; — 3, sphénoïde, partie postérieure; — 3ᵃ, pariétal; — 3ᵇ, temporal; — 3ᶜ, maxillaire inférieur; — 4, os basilaire; — 4ᵃ, parties latérale et supérieure de l'occipital. A cette figure dans la planche IX devrait être ajouté l'os hyoïde qui porterait la lettre 4ᵇ.

PLANCHE X

Système dentaire des mammifères.

Nous avons représenté dans la planche précédente la dentition de l'homme et nous avons vu qu'à celle du premier âge (*dentition de lait*), succédait la dentition définitive, dont le nombre des dents s'élevait au chiffre de trente-deux, ce que nous avons exprimé dans la formule suivante : $\frac{2}{2}$ *i.* $\frac{1}{1}$ *c.* $\frac{5}{5}$ *m.* Cette formule dentaire est aussi celle des singes de l'ancien continent. Mais les singes du nouveau continent (*Cébins*) ont une formule dentaire différente ; ils ont tantôt trente-six dents comme le *Sajou*, tantôt trente-deux comme chez les singes de l'ancien continent (*Ouistitis*), mais dans ces deux cas ils ont vingt-quatre dents de lait au lieu de vingt comme cela se voit chez l'enfant et les jeunes singes de la tribu précédente.

Tous ces animaux, ainsi que ceux de plusieurs autres ordres de la classe des Mammifères, ont trois sortes de dents : des INCISIVES, des CANINES et des MOLAIRES ; mais il y a certains ordres qui manquent d'incisives tantôt à une seule mâchoire seulement, tantôt aux deux. Les canines peuvent faire aussi défaut, comme nous le verrons tout à l'heure, chez les Rongeurs par exemple.

La **figure** *a* de cette planche représente la dentition d'un RONGEUR, le SURMULOT. Chez cet animal il y a une paire d'incisives à chaque mâchoire, les canines manquent et laissent un espace vide nommé *barre*, puis viennent trois paires de molaires de chaque côté; dentition que nous pouvons représenter par la formule suivante :

$$\frac{1}{1}\ i.\ \frac{0}{0}\ c.\ \frac{3}{3}\ m.\ \times 2 = 16.$$

Les dents molaires chez ces animaux sont en général au nombre de trois ou de quatre, de chaque côté et à chaque mâchoire.

Les animaux de la famille des Léporidés (*Lapins*, *Lièvres*, se distinguent des rongeurs ordinaires par la présence, en arrière de leurs incisives supérieures, de deux petites dents supplémentaires. Leurs molaires supérieures sont au nombre de six, les inférieures au nombre de cinq, ce qui modifie de la façon suivante la formule de la dentition dans les animaux de cette famille :

$$\frac{2}{1}\ i.\ \frac{0}{0}\ c.\ \frac{6}{5}\ m.\ \times 2 = 28.$$

On a proposé depuis peu de faire des Léporidés un ordre distinct de celui des Rongeurs.

La **figure** *c* nous montre la dentition d'un INSECTIVORE ; l'exemple que nous avons choisi est tiré de la TAUPE D'EUROPE. Chaque mâchoire porte onze paires de dents aiguës et dont la forme est parfaitement adaptée au régime de l'animal. Elles sont ainsi distribuées :

$$\frac{4}{4}\ i.\ \frac{1}{1}\ c.\ \frac{6}{6}\ m.\ \times 2 = 44.$$

Ce qui fait un total de quarante-quatre dents.

La **figure** *dd'* nous donne la dentition d'un CARNASSIER. Nous avons pris pour type des animaux de cet ordre le CHIEN DOMESTIQUE. Cet animal porte trois incisives de chaque côté et à chaque mâchoire ; ses canines sont assez développées et ses molaires sont au nombre de six de chaque côté à la mâchoire supérieure, de sept de chaque côté à l'inférieure. Sa formule dentaire est la suivante :

$$\frac{3}{3}\ i.\ \frac{1}{1}\ c.\ \frac{6}{7}\ m.\ \times 2 = 42.$$

Mais ces organes sont en moins grand nombre chez les jeunes individus. La dentition de lait se compose seulement, chez ces animaux, de trois incisives, une canine et trois molaires de chaque côté et à chaque mâchoire, ce qui fait un total de vingt-huit dents pour la première dentition. La dentition de l'adulte diffère donc de celle du jeune individu par la présence de trois paires de molaires complémentaires : une paire d'avant-molaires qui apparaît entre la canine et la première molaire de lait, et deux paires d'arrière-molaires venant se ranger à la suite de la place occupée par les dents de lait à la mâchoire supérieure.

La **figure** *d''* représente la première dentition du CHIEN. En arrière des dents de lait, à chaque mâchoire, se voient les dents de remplacement, dont quelques-unes, les incisives par exemple, ont déjà chassé les dents de lait.

La **figure** *e* représente la dentition du LION. Les dents dans la famille des FÉLIDÉS sont bien moins nombreuses que celles des animaux de la famille précédente ; leurs canines prennent aussi un développement beaucoup plus considérable.

La formule dentaire du lion est la suivante :

$$\frac{3}{3} \, i. \; \frac{1}{1} \, c. \; \frac{4}{3} \, m.$$

Ces animaux ont donc la même dentition que nos chats domestiques.

Les CARNASSIERS, sauf la LOUTRE MARINE qui n'a que deux incisives de chaque côté à la mâchoire inférieure, ont tous trois paires de ces sortes de dents aux deux mâchoires. Ils ont tous une paire de canines supérieures et une paire inférieure. Quant au nombre de leurs dents molaires, il est extrêmement variable et leur forme, très différente suivant les genres, fournit de très bons caractères pour la classification de ces animaux.

La **figure** *f* nous donne la dentition du CHEVAL pris pour type de l'ordre des JUMENTÉS, ordre auquel appartiennent aussi les RHINOCÉROS, les TAPIRS et d'autres animaux appartenant à des genres éteints. Les dents du cheval sont vues ici par la couronne pour mieux montrer les replis de l'émail. La formule dentaire de cet animal est la suivante :

$$\frac{3}{3}\ i.\ \frac{1}{1}\ c.\ \frac{7}{6}\ m.$$

Entre les canines et la première molaire se trouve un espace libre qui constitue la *barre*.

La **figure** *g* représente les dents du Bœuf vues également par la couronne. Nous remarquons chez cet animal l'absence de dents incisives supérieures ; la mâchoire supérieure est aussi dépourvue de canines, cette dernière dent à la mâchoire inférieure est incisiforme et placée à la suite des dents incisives, desquelles il est assez difficile de la distinguer. Les molaires sont au nombre de six de chaque côté à chaque mâchoire.

Formule dentaire, la même que pour la chèvre, le mouton, etc. :

$$\frac{0}{3}\ i.\ \frac{0}{1}\ c.\ \frac{6}{6}\ m.\ \times\ 2 = 32\ \text{dents}.$$

Citons parmi les Ruminants, dont la formule dentaire diffère de celle du bœuf, les Chameaux, qui ont une paire de fortes canines ainsi que deux paires d'incisives à la mâchoire supérieure. Dans le jeune âge, leurs incisives supérieures sont au nombre de trois de chaque côté.

La **figure** *h* montre la dentition d'un Porcin. L'exemple est tiré du Cochon domestique. Chez ces animaux les dents sont disposées pour un *régime omnivore*.

La formule dentaire du porc domestique est la suivante :

$$\frac{3}{3}\ i\ \frac{1}{1}\ c.\ \frac{7}{7}\ m.\ \times\ 2 = 44.$$

La **figure** *i* donne la partie antérieure du rostre d'un Dauphin, animal qui appartient à la grande tribu des Cétacés a dents ou Cétodontes. Dans l'exemple que nous choisissons, les dents sont toutes semblables, mais elles varient beaucoup, quant au nombre et à la forme, dans les différents genres connus.

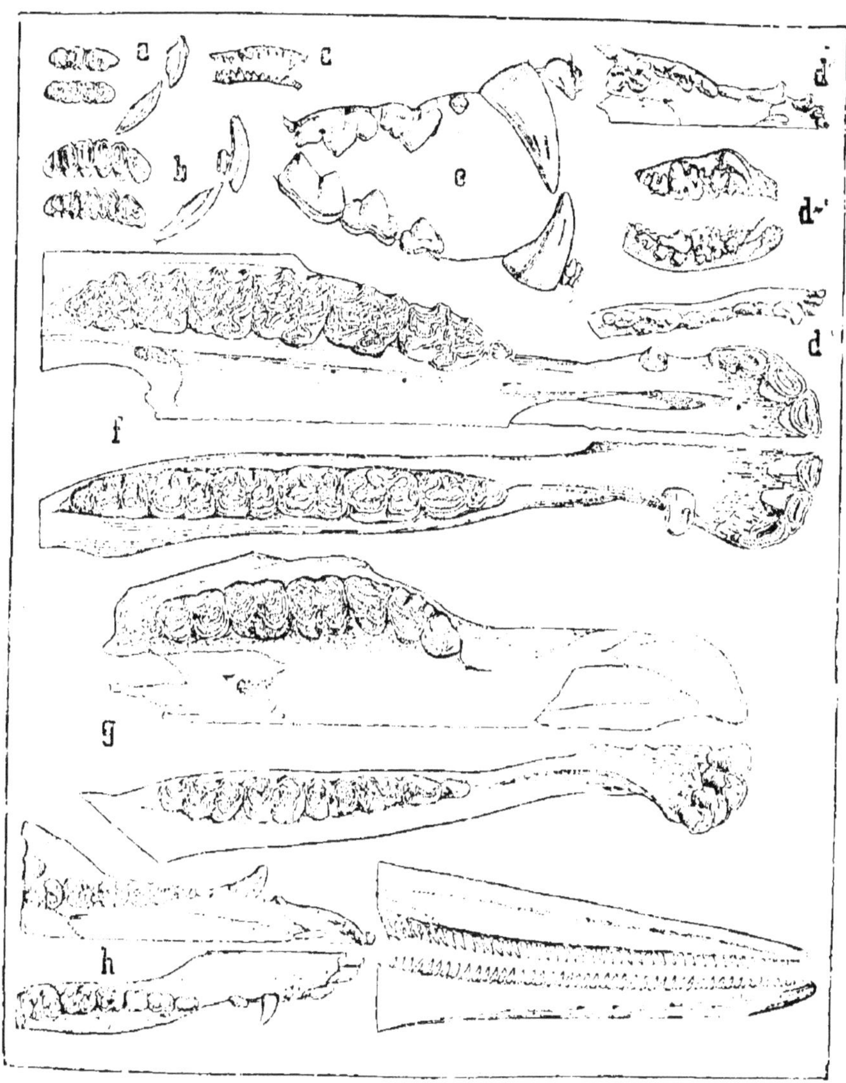

SYSTÈME DENTAIRE DES MAMMIFÈRES.

EXPLICATION DE LA PLANCHE X.

Fig. a. **Dentition d'un rongeur** (EXEMPLE TIRÉ DU SUR-
MULOT).

— b. **Dentition d'un rongeur** (EXEMPLE TIRÉ DU LAPIN
DOMESTIQUE).

— c. **Dentition d'un insectivore** (EXEMPLE TIRÉ DE
LA TAUPE D'EUROPE).

— d',d'. **Dentition d'un carnassier** (EXEMPLE TIRÉ DU
CHIEN DOMESTIQUE ADULTE).

— d". **Dentition d'un carnassier** (EXEMPLE TIRÉ DU
CHIEN DOMESTIQUE JEUNE).

— e. **Dentition d'un carnassier** (EXEMPLE TIRÉ DU
LION).

— f. **Dentition d'un jumenté** (EXEMPLE TIRÉ DU
CHEVAL).

— g. **Dentition d'un ruminant** (EXEMPLE TIRÉ DU
BŒUF DOMESTIQUE).

— h. **Dentition d'un porcin** (EXEMPLE TIRÉ DU CO-
CHON DOMESTIQUE).

— i. **Dentition d'un cétacé cétodonte** (EXEMPLE TIRÉ
DU DAUPHIN).

PLANCHE XI

Appareil digestif chez les animaux

La disposition générale du tube digestif varie fort peu dans les différents ordres de la classe des Mammifères. Ils ont tous un *œsophage*, un *estomac*, un *intestin grêle* et un *gros intestin*; quelques-uns seulement manquent de cette partie qui précède le gros intestin et que nous avons désignée sous le nom de *cæcum*. La forme de ces différents organes, leur longueur, leur structure et leurs rapports, appropriés au genre de vie de l'animal, fournissent de très bons caractères pour la classification.

Chez beaucoup de mammifères, tels que l'homme, la plupart des singes, les carnassiers, etc., etc., **l'estomac est simple** (fig. *a, exemple tiré du Lion*). Chez d'autres, comme les ruminants (bœuf, chèvre, mouton, girafe, chevrotin, chameau, etc., etc.), l'estomac est beaucoup plus développé que dans les animaux du groupe précédent, il constitue ce que l'on appelle un **estomac composé.** Nous prendrons pour type d'estomac de ce genre l'estomac du mouton représenté **figure** *c*. Les aliments que l'animal recueille en grande quantité passent de l'œsophage OE dans la panse P, dont la muqueuse est très épaisse et hérissée d'une multitude de villosités. De cette première loge de l'estomac, les aliments passent dans le bonnet B qui les réduit en petites pelotes et les renvoie, par une gouttière se rendant à l'œsophage, jusque dans la cavité buccale où ils sont de nouveau imprégnés de salive et redescendent ensuite dans le bonnet, sans passer par la panse, pour être de là dirigés dans les autres parties de l'estomac, d'abord le feuillet F, puis enfin la caillette C, et suivre enfin leur voie à travers les différentes parties de l'intestin grêle et du gros intestin.

Nous trouvons chez d'autres mammifères des dispositions de forme et de structure de l'estomac intermédiaires à celles que nous venons d'étudier. Chez quelques singes, les Semnopithèques par exemple, l'estomac, au lieu d'être lisse à sa surface, présente des bosselures, et au pourtour de ces bosselures correspondent autant de replis s'avançant vers le centre de la cavité de l'organe. L'**estomac** de l'hippopotame, du pécari, du lamantin, du dauphin, sans être aussi compliqué que celui des ruminants, est décomposé en plusieurs cavités ; à ces animaux nous pourrions ajouter les kanguroos. Les cheiroptères ont l'estomac **simple** dans la plupart des cas ; citons cependant parmi ces êtres un animal du genre *Desmode*, dont l'estomac prend la forme d'un long tube fermé à son extrémité et que nous représentons **figure** *b* de cette planche.

Le **cæcum** des mammifères, comme l'estomac de ces animaux, diffère aussi de forme suivant le régime de l'animal. Chez les singes anthropomorphes il a à peu près l'aspect de celui de l'homme, puis il perd son appendice vermiforme et prend bientôt, dans les espèces appartenant aux genres les plus éloignés dans la série des Primates, une forme de plus en plus différente. Chez les carnassiers il est peu développé et manque quelquefois ; dans l'ordre des Ruminants il ressemble à un long tube cylindrique arrondi à son extrémité ; dans les Rongeurs il est beaucoup plus compliqué, présente souvent une multitude de bosselures à sa surface ou bien se trouve étranglé par une bride disposée sur toute la longueur (**fig.** *d, exemple tiré du Lapin*).

L'**œsophage**, dans la classe des Oiseaux, présente le plus souvent sur son trajet un renflement auquel on donne le nom de jabot ; c'est là que ces animaux emmagasinent leur nourriture (**fig.** *c, exemple tiré de la Poule*). Au-dessous du jabot J, avant de pénétrer dans l'estomac E, l'œsophage OE s'épaissit par suite de l'accumulation, dans les parois de sa muqueuse, d'un grand nombre de glandes ; c'est le ventricule succenturié *V.s.* surtout développé chez les granivores.

L'estomac se divise, chez presque tous ces animaux, en deux parties, l'une musculeuse et à parois très épaisses, le véritable *gésier*, à laquelle fait suite quelquefois un cul-de-sac membraneux apparent surtout chez quelques Rapaces, Échassiers et Palmipèdes.

L'intestin grêle *I.g.* est généralement court : au point où il débouche dans le gros intestin, on remarque un cæcum, le plus souvent deux *C.c.* (**fig.** *e, exemple tiré de la Poule*). Il y a quelquefois, sur le trajet de l'intestin, un cæcum supplémentaire, comme chez le flamant, rarement ces diverticulums font défaut. Le gros intestin, toujours très court, se termine par une portion renflée appelée cloaque.

Chez les Reptiles et les Batraciens le tube intestinal ne présente rien de particulier à noter, si ce n'est l'œsophage qui est généralement très large. L'intestin est plus long chez les espèces herbivores que chez celles qui sont carnassières, et, chez les grenouilles dont les larves ou têtards sont herbivores, l'intestin grêle est beaucoup plus long que chez l'animal parfait qui a au contraire un régime carnassier.

La **figure** *f* représente un têtard de grenouille dont l'intestin grêle *I.g.* a été déroulé. La **figure** *f'* représente au contraire le tube digestif de l'adulte dans lequel le même intestin est notablement plus court et décrit à peine quelques circonvolutions.

Enfin, pour terminer la série des Vertébrés, nous figurons le tube intestinal d'un Poisson (**fig.** *g, exemple tiré du Maquereau*). A l'œsophage OE fait suite un estomac cylindrique E pourvu d'un cul-de-sac. Au niveau du pylore se trouvent de nombreux appendices auxquels on a donné le nom d'appendices pyloriques, organes dont le nombre n'est pas constant et qui peuvent manquer chez certains animaux de cette classe. L'intestin grêle *I* est replié sur lui-même, il se continue par le gros intestin. Quelques poissons, les Plagiostomes, les Cyclostomes, etc., ont l'intestin disposé en spirale comme nous le représentons **figure** *h* (*exemple* *tiré de la Raie bouclée,* poisson de l'ordre des Plagiostomes).

La **figure** *i* nous donne l'appareil digestif d'un INSECTE (*exemple tiré de l'Abeille commune*).

La **figure** *k* représente celui de l'AMMOTHÉE, sorte d'arachnide.

Chez les HIRUDINÉS, animaux qui font partie de l'embranchement des Vers, l'œsophage Œ est très court. L'estomac de ces animaux (**fig.** *l, exemple tiré de la Sangsue médicinale*) présente une série d'appendices cæcaux C qui vont en augmentant de grandeur à mesure que l'on s'éloigne de l'œsophage. L'intestin I est très court et se termine à la partie postérieure du corps.

La **figure** *m* représente la partie antérieure du tube digestif du LOMBRIC. On y remarque, de distance en distance, des dilatations et ampoules faisant suite au pharynx *Ph*.

La **figure** *n* représente l'appareil digestif d'un MOLLUSQUE GASTÉROPODE (*exemple tiré du Colimaçon*). L'œsophage Œ est dilaté en forme de jabot, l'intestin qui est court fait suite à l'estomac E et vient se terminer sur les parties latérales de la tête.

Chez d'autres animaux de la même classe, le tube digestif présente un appendice cæcal comme nous le montre la **figure** *o (exemple tiré de l'Éolide).*

L'appareil digestif se dégrade de plus en plus à mesure que nous descendons dans la série des Invertébrés. Chez les ÉCHINODERMES les organes qui le composent présentent de grandes modifications de forme, et la bouche se trouve généralement située sur la face ventrale du corps (**fig.** *p, exemple tiré de l'Oursin*). Chez ces animaux, il se présente sous la forme d'un tube à peu près de même calibre dans toutes ses parties, sauf chez les ASTÉRIES dont l'estomac est assez renflé et présente des diverticules en cul-de-sac.

Enfin, chez les RAYONNÉS, l'appareil de la digestion et de la circulation, confondus ensemble, ne forment plus qu'une cavité située au milieu du corps et communiquant avec l'extérieur par une bouche munie de tentacules (**fig.** *q, exemple tiré de l'Actinie*).

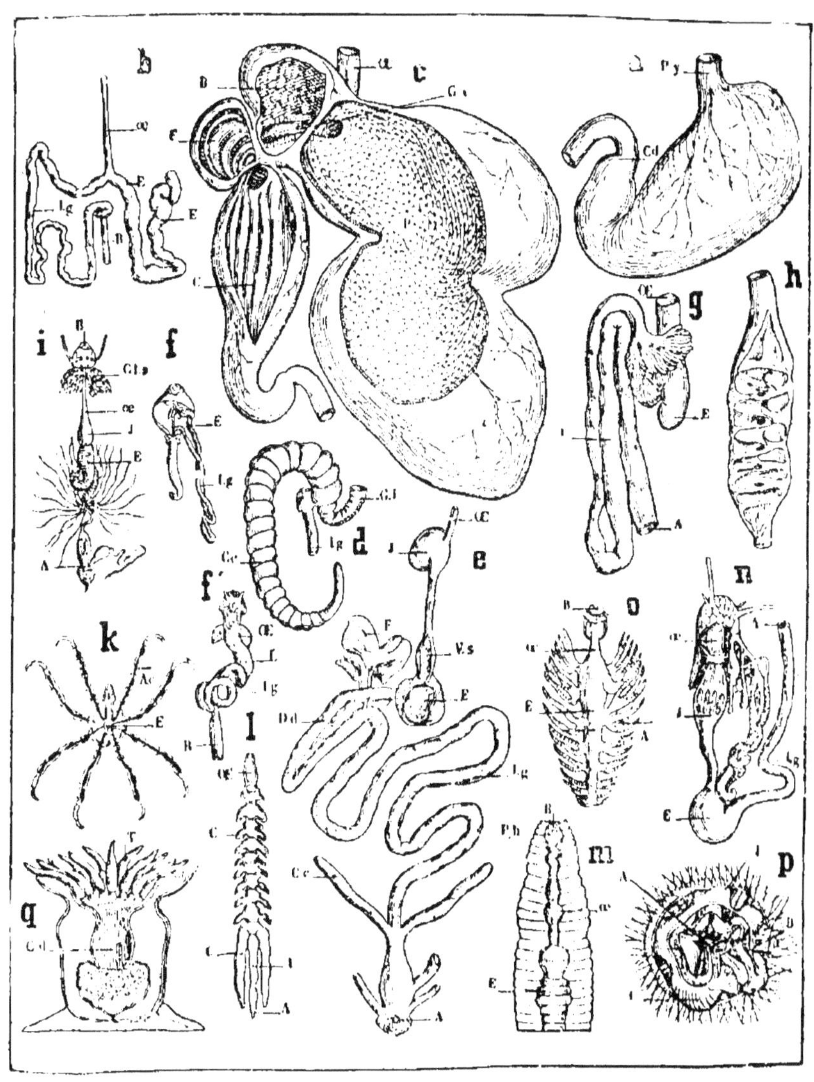

APPAREIL DIGESTIF CHEZ LES ANIMAUX.

EXPLICATION DE LA PLANCHE XI.

Fig. a. **Estomac de carnassier** (EXEMPLE TIRÉ DU LION).

— b. **Tube digestif d'un cheiroptère** (EXEMPLE TIRÉ DU DESMODE ROUX).

— c. **Estomac de ruminant** (EXEMPLE TIRÉ DU MOUTON).

— d. **Cæcum de rongeur** (EXEMPLE TIRÉ DU LAPIN).

— e. **Appareil digestif d'un oiseau** (EXEMPLE TIRÉ DE LA POULE).

— f. **Appareil digestif d'une larve de batracien** (EXEMPLE TIRE DU TÊTARD DE LA GRENOUILLE).

— f′. **Appareil digestif d'un batracien adulte.** (EXEMPLE TIRÉ DE LA GRENOUILLE).

— g. **Appareil digestif d'un poisson** (EXEMPLE TIRÉ DU MAQUEREAU).

— h. **Intestin spiral de poisson** (EXEMPLE TIRÉ DE LA RAIE BOUCLÉE).

— i. **Appareil digestif d'un insecte** (EXEMPLE TIRÉ DE L'ABEILLE).

— k. **Appareil digestif** (EXEMPLE TIRÉ DE L'AMMOTHÉE).

— l. **Appareil digestif d'un annélide** (EXEMPLE TIRÉ DE LA SANGSUE MÉDICINALE).

— m. **Appareil digestif d'un ver** (EXEMPLE TIRÉ DU LOMBRIC).

— n. **Appareil digestif d'un mollusque** (EXEMPLE TIRÉ DU COLIMAÇON DES VIGNES).

— o. **Appareil digestif d'un mollusque** (EXEMPLE TIRÉ DE L'ÉOLIDE).

— p. **Appareil digestif d'un échinoderne** (EXEMPLE TIRÉ DE L'OURSIN MELON VU PAR SA FACE INFÉRIEURE)

— q. **Appareil digestif d'un polype** (EXEMPLE TIRÉ DE L'ACTINIE).

PLANCHE XII

Cœur et circulation centrale de l'homme.

Le **cœur**, organe central de la circulation, est formé chez les mammifères et les oiseaux par deux moitiés à peu près semblables, accolées l'une à l'autre et divisées chacune en deux cavités : un **ventricule** et une **oreillette**. Il y a donc en tout quatre cavités : deux à gauche, *ventricule gauche* et *oreillette gauche* qui constituent le COEUR GAUCHE et contiennent du SANG ROUGE ou sang artériel ; deux à droite, *oreillette* et *ventricule droits* contenant du sang noir ou sang veineux. La **figure** *b* de cette planche représente le cœur de l'homme coupé verticalement. *V.g.* représente le ventricule gauche ; — *O.g.* l'oreillette gauche ; — *V.d.* le ventricule droit ; — *O.d.* l'oreillette droite. L'oreillette et le ventricule de chaque côté communiquent entre eux par un ORIFICE AURICULO-VENTRICULAIRE muni d'une valvule. La valvule du cœur gauche porte le nom de *valvule mitrale*, *V.m.*, celle du cœur droit celui de *valvule tricuspide*, *V.t.*

Du ventricule gauche part l'AORTE *A.r.*, vaisseau allant porter aux différentes parties du corps le sang artériel. L'aorte est munie à son origine de valvules désignées sous le nom de VALVULES SIGMOÏDES, elles ont pour rôle d'empêcher le sang de refluer vers le cœur. Le sang, après avoir servi à la nutrition des organes, revient à l'oreillette droite par les VEINES ; il y pénètre par deux veines appelées *veine cave inférieure*, **V.c.i.** et *veine cave supérieure*, **V.c.s.** De l'oreillette droite il passe dans le ventricule droit qui le lance à son tour dans les poumons par l'ARTÈRE PULMONAIRE (**A. p.**), d'où il revient ensuite à l'oreillette gauche par les VEINES PULMONAIRES pour passer de nouveau dans le ventricule gauche et de là dans le torrent de la *grande circulation*. Le trajet du sang veineux du ventricule droit à travers les poumons et des poumons à l'oreillette gauche constitue la *petite circulation* ou *circulation pulmonaire*. L'artère pulmonaire, comme l'aorte, est pourvue à son origine de trois valvules sigmoïdes.

La **figure** *c* de cette planche montre le cœur vu par sa face postérieure. On y voit la direction des fibres musculaires réunissant les deux ventricules en une seule masse charnue. Au-dessus se trouvent les oreillettes ayant leurs fibres propres. *V.g.* est le ventricule gauche ; — *O.g.* l'oreillette gauche ; on y remarque les ouvertures des veines pulmonaires, *V.p.* ; — *V.d.* est le ventricule droit ; — *O.d.* l'oreillette droite montrant la terminaison des veines caves ; *V.c.i.* la veine cave inférieure ; — *V.c.s.* la veine cave supérieure. *V.p.* sont les veines pulmonaires.

La **figure** *a* nous montre le cœur et les principaux troncs artériels et veineux.

Troncs artériels. — *A.r.* l'aorte recourbée en crosse à son origine (*crosse de l'aorte*), puis prenant les noms d'aorte thoracique *A.t.* et d'aorte abdominale *A.ab.* ; ce vaisseau fournit au point où il se recourbe en crosse : 1° le tronc *innominé droit* **T.t.i.** qui donne la *carotide primitive droite* **C.d.**, et le tronc *brachio-céphalique droit*, **T.b.d.** ; — 2° la *carotide primitive gauche* **C.g.** ; — 3° le tronc *brachio-céphalique gauche* **T.b.g.** L'aorte thoracique fournit les intercostales. L'aorte abdominale : 1° les *artères diaphragmatiques* **A. d.** ; — 2° le *tronc cœliaque* **T.c.** ; — 3° la mésentérique supérieure **M.s.** ; — 4° les *artères rénales* droite et gauche **A.r.**, **A.r'.** ; — 5° la *mésentérique inférieure* **M.i.**, et se termine enfin par les iliaques primitives **I.p. I'.p'.**

Les veines qui se rendent au cœur droit sont : 1° la

veine cave inférieure **V.c.i.** ramenant le sang des membres inférieurs et recevant les deux veines rénales **V.r., V.r'.** ; — puis le sang des intestins par la veine porte et les veines sus-hépatiques **V. s. h.** ; — 2° la *veine cave supérieure* **V.c.s.** ramenant le sang de la tête et des membres supérieurs ; elle est formée par les veines sous-clavières droite et gauche.

Du ventricule droit part l'artère pulmonaire **A.p.** portant le sang veineux aux poumons, sang qui revient ensuite à l'oreillette gauche par les veines pulmonaires.

Les **figures** *d* et *d'* nous montrent la structure des artères. On y voit : 1° une *tunique interne* composée de tissu élastique recouvert d'épithélium ; — 2° une *tunique moyenne* contenant des fibres musculaires ; — 3° une tunique externe.

La **figure** *e* représente une portion de la veine jugulaire du chameau. On y voit les *valvules sigmoïdes* dont le rôle est de faciliter le cours du sang vers le cœur tout en l'empêchant de refluer vers la tête.

EXPLICATION DE LA PLANCHE XII.

Fig. a. Circulation centrale chez l'homme.

> *C.* cœur; — *V.g.* ventricule gauche; — *V.d.* ventricule droit; — *O.g.* oreillette gauche; — *O.d.* oreillette droite.

TRONCS ARTÉRIELS.

> *A.r.* crosse de l'aorte; — *A.r.t.* aorte thoracique; — *A.r.v.* aorte abdominale; — *T.i.* tronc innominé; — *T.b.d.* tronc brachio-céphalique droit; — *C.d.* carotide primitive droite; — *C.g.* carotide primitive gauche; — *T.b.g.* tronc brachio-céphalique gauche; — *A.d.* artère diaphragmatique gauche; — *T.c.* tronc cœliaque; — *M.s.* mésentérique supérieure; — *A.r.* artères rénales; — *M.i.* mésentérique inférieure; — *I.p.I'.p'.* iliaques primitives; — *A.p.* artère pulmonaire.

TRONCS VEINEUX.

> *V.c.i.* veine cave inférieure : — *V.i.V'.i'.* veines iliaques; — *V.r.V'.r'.* veines rénales; — *V.s.h.* veines sus-hépatiques; — *V.c.s.* veine cave supérieure; — *V.s.d.* veine sous-clavière droite; — *V.s.g.* veine sous-clavière gauche.

— b. Cœur de l'homme coupé par un plan vertical.

> *V.g.* ventricule gauche; — *V.d.* ventricule droit; — *O.g.* oreillette gauche; — *O. d.* oreillette droite; — *V.m.* valvule mitrale; — *V.t.* valvule tricuspide; — *A.r.* crosse de

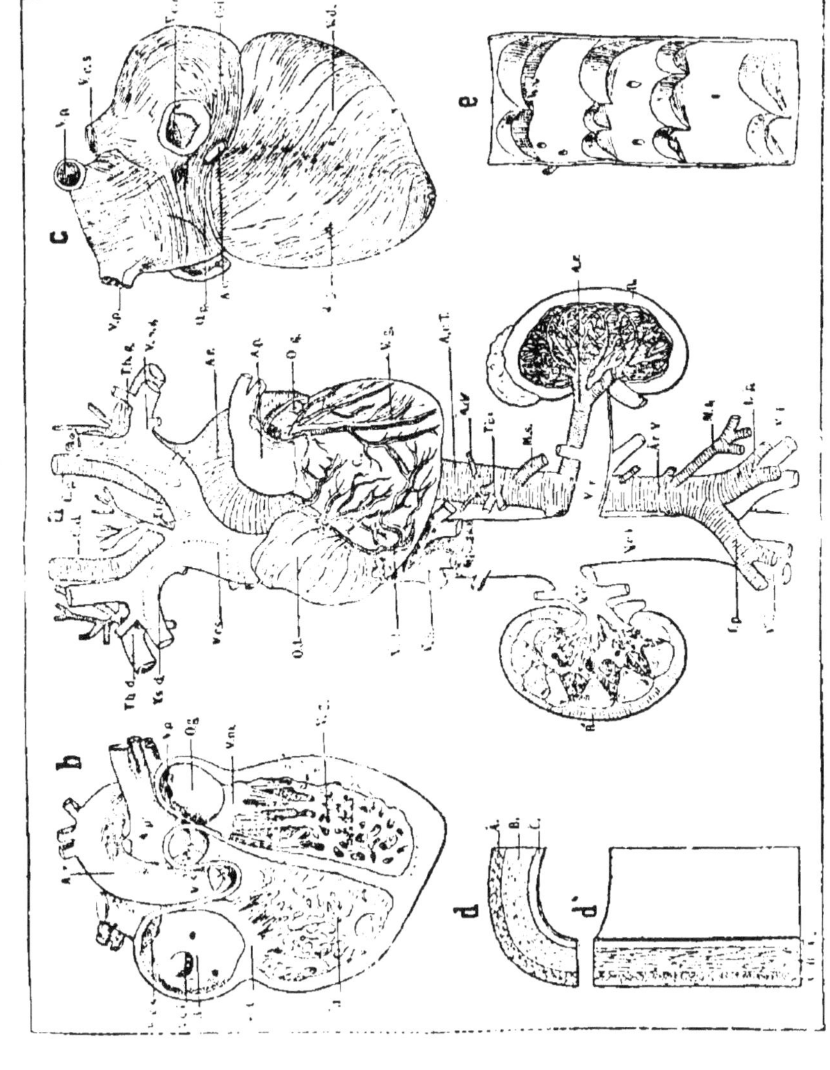

PL. XII.

CŒUR ET CIRCULATION CENTRALE DE L'HOMME.

l'aorte ; — *V.c.i.* ouverture de la veine cave inférieure ; — *V.c.s.* ouverture de la veine cave supérieure ; — *V.p.* ouverture des veines pulmonaires.

Fig. c. **Cœur dépouillé de son péricarde et vu par la face postérieure pour montrer la direction des fibres musculaires de cet organe.**

V.g. ventricule gauche ; — *V.d.* ventricule droit ; — *O.g.* oreillette gauche ; — *O.d.* oreillette droite ; — *V.c.i.* veine cave inférieure ; — *V.c.s.* veine cave supérieure ; — *V.p. V.p'.* veines pulmonaires ; — *A.c.* artères coronaires.

— **d',d'. Coupe montrant la structure des artères** (EXEMPLE TIRÉ DE L'AORTE DE L'HOMME).

— **e. Portion de la veine jugulaire du chameau considérablement grandie et montrant les valvules sigmoïdes.**

PLANCHE XIII

Appareil circulatoire dans la série animale.

Cette planche est consacrée à l'étude de l'**appareil circulatoire** chez les animaux. Les **figures** par lesquelles nous représentons la disposition de cet appareil, dans les différentes classes chez lesquelles cette fonction s'exécute, sont purement théoriques.

Chez les Mammifères et les Oiseaux (**fig.** *a*), le cœur, organe central qui met le sang en mouvement, se compose de quatre *cavités*, un *ventricule* et une *oreillette* pour chaque côté. Ces deux moitiés, physiologiquement et jusqu'à un certain point anatomiquement indépendantes, comme l'indique la **figure** *a'*, représentant le cœur de *Dugong* dont les ventricules sont distincts à leur pointe, renferment, ainsi que les vaisseaux qui y aboutissent ou en partent, celle du côté droit du *sang veineux*, celle du côté gauche du *sang artériel*. Si nous étudions la manière dont ce cœur fonctionne, nous voyons que le sang qui vient des poumons, où il s'est trouvé au contact de l'air, arrive, par l'intermédiaire des veines pulmonaires *V.p.*, d'abord dans l'oreillette gauche *O.g.*, d'où il passe dans le ventricule gauche *V.g.*, qui en se contractant le conduit aussitôt par l'aorte *A.r.* dans toutes les parties du corps *C'*. Ce premier trajet accompli par le sang est désigné sous le nom de *circulation gauche* ou circulation du *sang rouge*.

Après avoir nourri les organes le sang revient au cœur, il y est conduit par les veines qui se réunissent pour former deux troncs principaux : la *veine cave inférieure V.c.i.* et la veine cave supérieure *V.c.s.* Ces veines caves débouchent dans l'oreillette droite *O.d.*, cavité qui verse aussitôt le sang dans le ventricule droit *V.d.* d'où il est dirigé vers les poumons par l'artère pulmonaire pour reprendre des propriétés nutritives. Ce second trajet du sang constitue la circulation droite ou du *sang veineux*. Le trajet du sang du ventricule gauche à l'oreillette droite à travers les organes *c'* constitue ce que certains auteurs appellent la *grande circulation*. Le cours qu'il suit en se rendant du ventricule droit à l'oreillette gauche en passant par les poumons a été désigné sous le nom de *petite circulation*.

Chez les animaux de la classe des REPTILES (**fig.** *b*), sauf quelques exceptions, le cœur n'est formé que de trois cavités. Les deux oreillettes sont distinctes, mais les ventricules se confondent en un seul, par suite de l'absence totale de cloison ou le développement insuffisant de cette dernière. L'oreillette gauche *O.g.*, qui reçoit le sang des poumons, le déverse, comme chez les animaux des deux classes précédentes, dans le ventricule unique où il se trouve mélangé au sang veineux ramené par les veines *V.c.* des différents points du corps, à moins que certains jeux de valvules ne viennent suppléer au manque de cloison.

Du ventricule unique, le sang est chassé par l'artère pulmonaire *A.p.* vers les poumons et par l'aorte qui est double à son origine dans tout l'organisme. Mais le mélange du sang veineux et du sang artériel n'a lieu qu'au-dessous des vaisseaux nourriciers de la tête et du cou, aussi cette partie du corps ne reçoit-elle que du sang artériel pur. Les BATRACIENS adultes ont, comme les Reptiles, un cœur pourvu de trois cavités.

Dans les animaux de la classe des POISSONS, le cœur est encore plus simple que celui des Reptiles et des Batraciens ; il ne présente plus qu'un ventricule et une oreillette et ce ventricule et cette oreillette correspondent au cœur droit des vertébrés supérieurs. Chez les Poissons, le sang qui revient des organes C' se rend dans l'oreillette Or, puis dans le ventricule. Celui-ci en se contractant le chasse, en lui faisant traverser le bulbe aortique $B.a.$, vers les branchies, organes respiratoires de ces vertébrés inférieurs. Une fois oxygéné au contact de l'air dissous dans l'eau, le sang reprend son trajet vers les organes par les artères branchiales C qui se réunissent bientôt pour former l'aorte Ar.

L'appareil de la circulation se dégrade de plus en plus à mesure que nous descendons dans la série animale, et cette simplification devient telle que, chez beaucoup de ces animaux, le sang n'est plus contenu dans des vaisseaux, mais déversé dans d'immenses cavités enveloppant les organes ; on dit alors que la *circulation* est *lacuneuse*.

Dans la classe des CRUSTACÉS (**fig.** *d*), l'appareil circulatoire est constitué par un cœur composé d'un *ventricule* unique $C.r.$ qui reçoit le sang des branchies par les *veines branchiales*. Ce sang distribué par les artères $Ar.$ dans tous les organes se répand dans un système de lacunes $La.$ à travers lesquelles il circule et se rend ensuite dans les veines branchiales. Le cœur de ces animaux est donc placé sur le trajet du sang artériel.

Les INSECTES, quoique placés au-dessus des Crustacés, ont un système circulatoire moins bien organisé que celui de ces derniers ; l'organe mettant le sang en mouvement se présente sous la forme d'un long tube allongé que l'on désigne sous le nom de *vaisseau dorsal* $V.d.$

La **figure** *e* représente l'appareil circulatoire chez un animal de l'ordre des *Névroptères* ; $V.d.$ est le vaisseau dorsal.

Dans la plupart des animaux de la classe des MOLLUSQUES l'appareil circulatoire se compose d'un cœur aortique composé de deux *cavités* : un *ventricule* et une *oreillette*. Des vaisseaux conduisent le sang des branchies ou des faux poumons à l'oreillette. Du ventricule, ce liquide se rend par l'aorte et ses ramifications sur tous les points du corps, puis il tombe dans un système de lacunes pour se diriger de nouveau vers l'appareil respiratoire.

Mais l'appareil circulatoire est plus perfectionné chez les *Céphalopodes* que dans tous les autres animaux de la classe des Mollusques. Chez ces êtres (**fig.** *f, exemple tiré du Poulpe*), le sang ramené des différentes parties du corps par les veines, *V.c.p.* veine céphalique, se rend aux branchies par les veines *V.c.*, puis il revient de ces organes en traversant les oreillettes *O.a. O'.a'.* pour tomber dans une sorte de ventricule qui donne naissance à l'aorte *Ar.*

L'appareil de la circulation dont nous venons d'énumérer les principales modifications se dégrade de plus en plus dans les classes inférieures du règne animal. Déjà très rudimentaire chez les Vers, il devient encore plus simple chez les Acalèphes où il finit par se confondre avec l'appareil de la digestion duquel il est impossible de le distinguer.

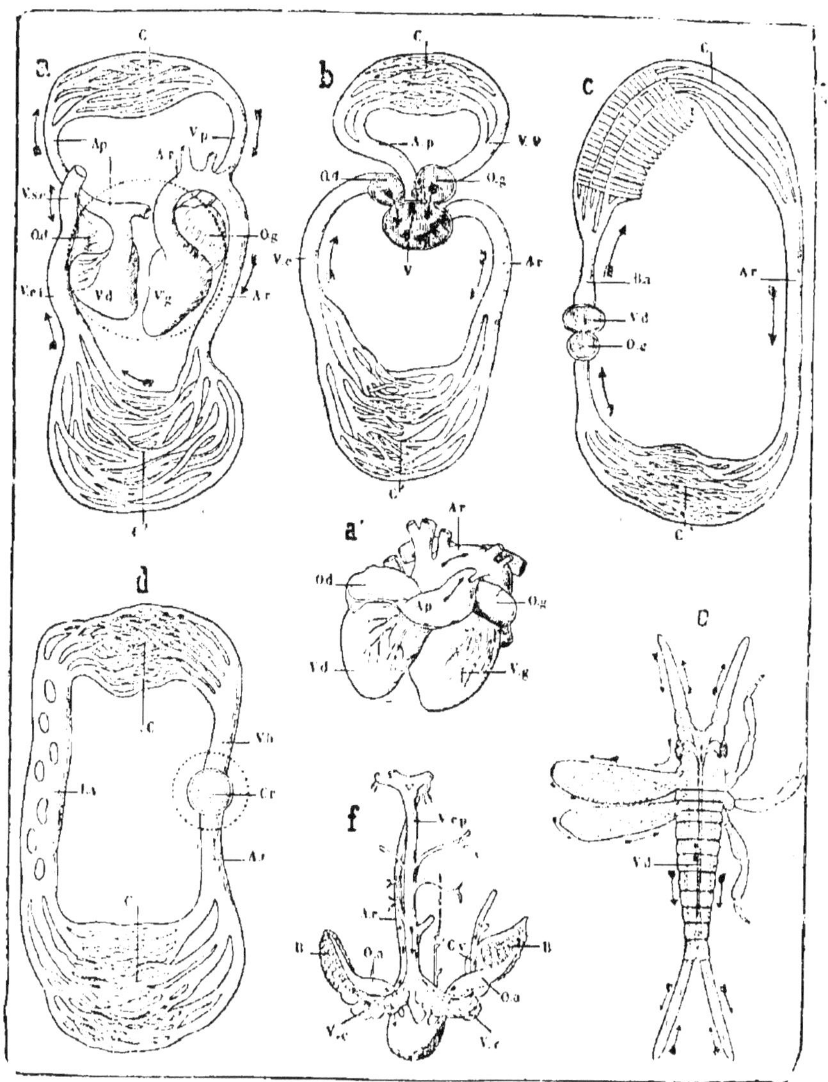

APPAREIL CIRCULATOIRE DANS LA SÉRIE ANIMALE.

EXPLICATION DE LA PLANCHE XIII.

a. Appareil circulatoire chez les mammifères et les oiseaux; —*V.g.* ventricule gauche; —*V.d.* ventricule droit; — *O.d.* oreillette droite; — *A.r.* l'aorte; — *V.p.* veines pulmonaires; — *A.p.* artère pulmonaire; — *V.c.i.* veine cave inférieure; — *V.c.s.* veine cave supérieure; — *C.* circulation pulmonaire, ou petite circulation; — *C'.* circulation des organes ou grande circulation.

a'. Cœur de Dugong montrant les deux ventricules dont les pointes sont isolées; —*A.r.* aorte; — *A.p.* artère pulmonaire, etc.

b. Appareil circulatoire chez les Reptiles; — *V.* ventricule unique; — *O.g.* oreillette gauche; — *O.d.* oreillette droite; — *A.r.* aorte; — *V.c.* veine cave; *A.p.* artère pulmonaire; — *V.p.* veines pulmonaires; — *C.* petite circulation; — *C'.* grande circulation.

c. Appareil de la circulation chez un poisson; — *O.* oreillette; —*V.* ventricule; —*B.a.* bulbe artériel; — *A.b.* artères branchiales; — *A.r.* aorte; — *C.* grande circulation; — *C'.* petite circulation.

d. Appareil de la circulation chez un crustacé; — *C.* cœur; — *A.r.* aorte se terminant par les capillaires qui débouchent dans les lacunes; — *L.a.* lacunes veineuses; — *V.b.* veines branchiales ramenant le sang au cœur.

e. Appareil circulatoire chez un insecte de l'ordre des Névroptères; — *V.d.* est le vaisseau dorsal; les flèches indiquent la direction du cours du sang dans les différents organes.

f. Appareil circulatoire du Poulpe; —*V.c.* veine céphalique ramenant le sang de la partie antérieure du corps; —*V.c. V'.c'.* veines caves; —*V.b.* veines branchiales; — *C.* ventricule; — *A.r.* aorte; — *B.* et *B'.* branchies.

PLANCHE XIV

Appareil respiratoire de l'homme.

La **figure** *a* de cette planche représente dans son ensemble l'appareil de la **respiration** de l'homme ; il est vu par sa face antérieure.

L'air inspiré traverse avant d'arriver aux poumons le *larynx* L, organe qui produit la voix et que nous étudierons d'une façon toute particulière en décrivant la planche XXVIII de cette collection, puis la *trachée artère* T, sorte de tube composé d'anneaux cartilagineux incomplets en arrière et qui se divise à sa partie inférieure en deux autres canaux de plus petit diamètre auxquels on donne le nom de *bronches*. Les bronches pénètrent dans le poumon par un point nommé *hile du poumon*, après s'être divisées en autant de branches qu'il y a de lobes au poumon (trois branches pour le côté droit, deux pour le gauche) ; elles se subdivisent bientôt en une multitude de rameaux d'un calibre d'autant plus petit qu'elles approchent davantage de leur terminaison. Les dernières ramifications des bronches débouchent dans de petits culs-de-sac membraneux, les *vésicules pulmonaires*, sur les parois desquelles serpentent les *capillaires sanguins*. Chaque bronche est accompagnée dans son trajet par une artère et une veine, ramifications des *artères* et des *veines pulmonaires*, les premières conduisant le sang veineux dans les capillaires qui serpentent sur la paroi des vésicules pulmonaires où il doit opérer son hématose, les autres ramenant ce sang vers le cœur qui se chargera plus tard de le distribuer dans tout l'organisme. Les artères pulmonaires sont ici colorées en bleu, les veines pulmonaires en rouge. Les ramifications des bronches sont teintées de jaune.

Entre les deux *poumons* (**P.g.** *poumon gauche*, et **P.d.** *poumon droit*), dont le droit **P.d.** a été ouvert pour montrer les directions des bronches, des artères et des veines pulmonaires à travers le parenchyme qui le constitue, se voit le cœur d'où naissent : **A.p.** l'*artère pulmonaire*, conduisant le sang aux poumons, et **A.r.** l'*aorte*, vaisseau chargé de distribuer ce liquide dans toute l'économie. *O.g.* représente l'oreillette gauche, *O.d.* l'oreillette droite, *C.* les ventricules.

La **figure** *b* représente une des dernières ramifications des bronches à sa terminaison ; les vésicules pulmonaires y sont disposées sous la forme de petites grappes.

La **figure** *b'* nous montre la structure des BRONCHES dont la muqueuse est tapissée à sa surface externe par une mince couche d'épithélium cilié (1). La muqueuse, dont nous voyons la couche musculeuse (2), renferme des glandes (3) ; au-dessous d'elle se trouve une couche de cellules (4) appartenant à l'anneau cartilagineux, puis enfin la couche fibreuse (5).

La **figure** *c* représente les GLOBULES SANGUINS qui sont de forme circulaire chez l'homme ainsi que chez la plupart des autres animaux mammifères. Ils sont représentés vus de face et de profil.

La **figure** *c'* montre les globules sanguins d'un batracien (*exemple tiré de l'Axolotl*). Chez ces animaux ainsi que chez les poissons, les reptiles, les oiseaux et quelques mammifères seulement, parmi lesquels nous citerons le chameau, les globules sanguins ont une forme elliptique. Ces globules sont en outre renflés à leur centre, tandis que les globules circulaires présentent dans cette région une dépression assez accusée.

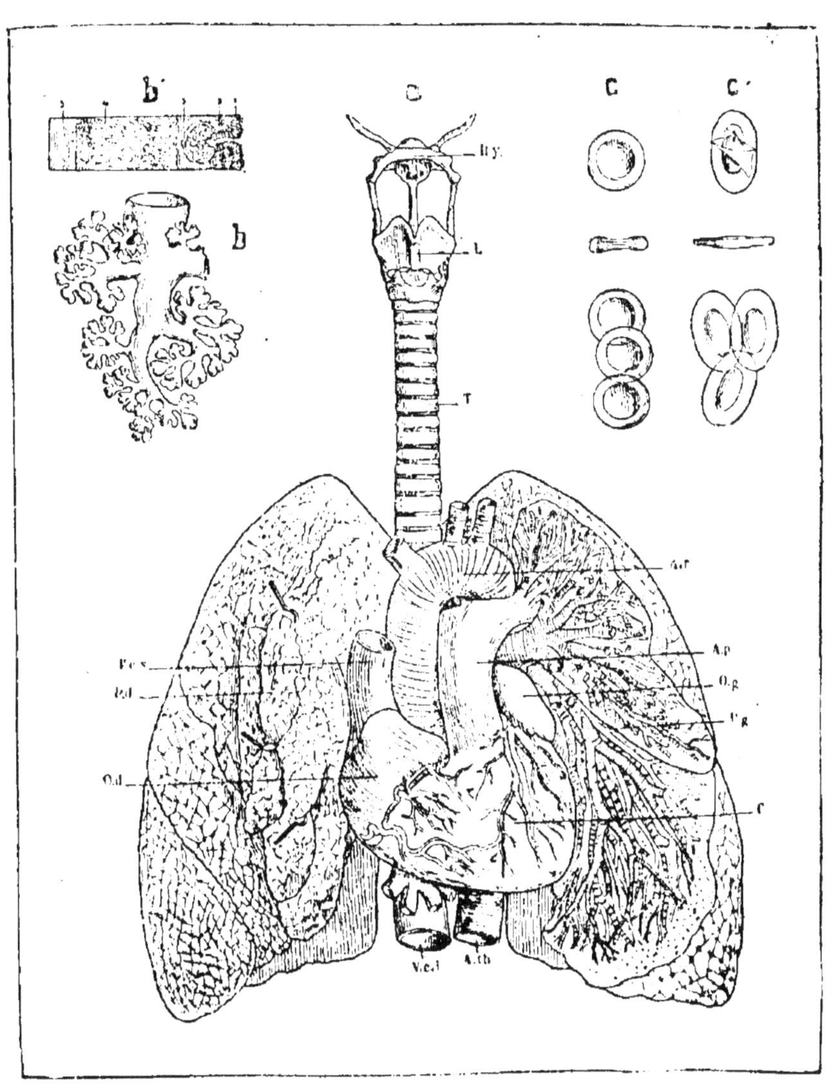

APPAREIL RESPIRATOIRE DE L'HOMME.

EXPLICATION DE LA PLANCHE XIV.

Fig. a. **Ensemble de l'appareil de la respiration chez l'homme.**

L. larynx; — *T.* trachée; *P.g.* poumon gauche; — *P.d.* poumon droit; — *B.* ramifications bronchiques (colorées en jaune); — *C.* cœur (ventricules); — *O.d.* oreillette droite; — *O.g.* oreillette gauche; — *A.r.* aorte; — *A.p.* artère pulmonaire; — *A'.p'.* ramifications de l'artère pulmonaire dans le parenchyme du poumon (colorées en rouge); — *V.c.i.* veine cave inférieure; — *V.c.s.* veine cave supérieure; — *V.p.* veines pulmonaires (colorées en bleu); — *V.'p'.* ramifications des veines pulmonaires dans le parenchyme du poumon (colorées en bleu).

— b. **Terminaison d'une bronche et vésicules pulmonaires.**

— b'. **Structure des bronches.**

— c. **Globules sanguins de l'homme.**

— c'. **Globules sanguins d'un batracien.**

PLANCHE XV

Appareil respiratoire dans la série animale.

Nous représentons dans cette planche les principales modifications que subit l'**appareil respiratoire** dans la série animale.

Dans la classe des OiSEAUX (**fig.** *a, exemple tiré de la Poule*), cet appareil diffère déjà beaucoup de celui des Mammifères ; aux poumons qui sont appliqués contre la paroi postérieure de la cavité thoracique et dont la structure diffère peu de celle de ces organes chez les animaux que nous venons de nommer, sont annexés des réservoirs membraneux s'étendant sur différents points du corps et dans lesquels s'emmagasine l'air qui doit servir à la respiration. Ces réservoirs, qui communiquent avec les bronches, sont désignés sous le nom de *sacs aériens* et envoient eux-mêmes des prolongements celluleux moins vastes jusque sous la peau ainsi que dans les cavités des différents os du squelette. Le nombre des sacs aériens chez les oiseaux n'est pas toujours le même, leur forme varie aussi beaucoup dans les espèces d'un même ordre. Le plus généralement on trouve, chez ces animaux, une paire de *sacs cervicaux S.c.* disposée de chaque côté du cou, un sac *inter-claviculaire S.c.l.* situé entre les branches de la fourchette, une paire de sacs *thoraciques S.t.* et trois paires de sacs *abdominaux S.a.S'a'.S''a''*

Chez les REPTILES les poumons sont établis sur deux modes assez différents l'un de l'autre. Chez les Ché-

LONIENS (**fig.** *b, exemple tiré de la Tortue mauritanique*), et les CROCODILIENS, ces organes au lieu de former de simples sacs à peine gaufrés à leur paroi interne, comme cela se voit chez les SAURIENS (**fig.** *c, exemple tiré du Fouette-queue*), ou les OPHIDIENS (**fig.** *d, exemple tiré du serpent Boa*), sont au contraire divisés en plusieurs loges assez vastes dont les cloisons augmentent de toute leur étendue la surface respiratoire. Il est à remarquer, en outre, que chez les animaux de cette classe les poumons sont souvent de dimensions fort inégales, comme cela se voit **figure** *d*, représentant les poumons d'un ophidien, organes dans lesquels la partie la plus voisine de la trachée remplit seule des fonctions respiratoires, le reste du sac n'étant qu'un simple réservoir à air.

La **figure** *d* représente les poumons d'un ORVET, reptile de l'ordre des Sauriens, mais dont les membres restent à l'état rudimentaire. Chez cet animal dont le corps est serpentiforme, les poumons se rapprochent par leur disposition et leur configuration de ceux des Ophidiens.

Les poumons des BATRACIENS diffèrent peu de ceux des animaux que nous venons d'étudier ; disons pourtant que ces animaux respirent par des branchies pendant tout le temps qui précède leurs métamorphoses.

Chez les animaux de la classe des POISSONS la respiration s'opère par des branchies. La forme de ces organes, leur situation, leur structure, varient considérablement suivant les ordres dans lesquels on les étudie ; ils sont tantôt *pectiniformes* (**fig.** *f, exemple tiré du Congre commun*), tantôt disposés en forme de houppes, comme cela se voit chez les *Lophobranches*, d'autres fois disposés par lamelles adossées les unes aux autres sur plusieurs rangs et maintenues par un repli de la peau (**fig.** *k*, appareil branchial de la *Raie bouclée*), etc., etc. Enfin dans un petit groupe de poissons que l'on désigne sous le nom de DIPNÉS, l'appareil respiratoire est composé non seulement par les branchies, mais encore par des poumons qui sont placés, comme ceux des Batraciens, dans l'intérieur de la cavité thoracique. La **figure** *i* représente les branchies du Néo-céRATODUS, la **figure** *i'* les poumons du même animal, qui comme les *Lépidosirènes* et les *Protoptères* est pourvu de ces deux sortes d'organes respiratoires, car on doit considérer comme un véritable poumon la vessie natatoire de ces animaux, sorte de réservoir à air qui chez la plupart des poissons joue un rôle purement hydrostatique et communique le plus souvent avec la cavité pharyngienne (**fig.** *g, vessie natatoire de la Carpe* et sa communication avec le pharynx).

La **figure** *h* représente la vessie natatoire d'un Silure, poisson chez lequel cet organe est pourvu d'un grand nombre de petits cæcums.

Les branchies chez les poissons sont le plus souvent soutenues par un arc cartilagineux appelé *arc branchial*. Le sang se rend à ces arcs branchiaux par les *artères branchiales* colorées en bleu dans les **figures** *f, f', k,* et *l.* Les *veines branchiales* sont au contraire colorées en rouge, elles contiennent du sang rouge. La **figure** théorique *f'* nous montre un arc branchial pourvu d'un grand nombre de *lames branchiales* constituées chacune par un prolongement cartilagineux de l'*arc* supportant lui-même un vaisseau artériel et un vaisseau veineux.

Chez les Insectes, les Myriapodes, quelques Arachnides, l'appareil respiratoire subit de grandes modifications ; ces animaux respirent par des *trachées,* sortes de tubes membraneux répandus sur tous les points du corps et communiquant avec l'extérieur par des ouvertures microscopiques appelées *stigmates* (**fig.** *m, appareil respiratoire de la Mouche*). Certains *arachnides* possèdent de *faux poumons,* organes auxquels peuvent se joindre dans certains cas de véritables trachées. Chez la plupart des Crustacés nous retrouvons des branchies qui sont constituées par des houppes vasculaires portées par les pattes de ces animaux (**fig.** *n, exemple tiré du Crabe*) et continuellement baignées par l'eau. Il existe aussi de semblables organes, mais très rudimentaires, chez certains Vers parmi lesquels nous citerons les ANNÉLIDES (**fig.** *r, exemple tiré de l'Eunice gigantesque.*)

L'appareil respiratoire est formé chez les MOLLUSQUES tantôt par des *branchies* comme cela se voit chez les CÉPHA-LOPODES, chez les GASTÉROPODES (**fig.** *p, branchie plumeuse d'une Valvatide*), chez les LAMELLIBRANCHES (**fig.** *q, exemple tiré de l'Huître*), tantôt par de *faux poumons* (**fig.** *o, exemple tiré de la Limace rouge*).

Chez les INVERTÉBRÉS occupant les derniers rangs dans la série animale, nous ne trouvons, sauf quelques excep-tions, aucun organe spécial de la respiration. Cette fonc-tion s'exécute par la peau interne et externe.

EXPLICATION DE LA PLANCHE XV.

a. **Appareil circulatoire chez un oiseau** (EXEMPLE TIRÉ DE LA POULE). T, trachée ; — P, poumon ; — S.c, sac cervical ; — S.cl. sac claviculaire ; — S.t. sac thoraci-que ; — S.a. S'a'. S'a''. sacs abdominaux.

b. **Appareil respiratoire chez un chélonien** (EXEMPLE TIRÉ DE LA TORTUE GRECQUE). T. trachée ; — P.d. poumon droit ouvert pour montrer les cloisons inté-rieures ; — P.g. poumon gauche intact.

c. **Poumons d'un saurien** (EXEMPLE TIRÉ DU FOUETTE-QUEUE). T. trachée ; — P.g. poumon gauche ; — P.d. poumon droit ouvert pour montrer la structure gau-frée de cet organe.

d. **Poumon d'un saurien** (EXEMPLE TIRÉ DE L'ORVET). T. trachée ; — P.d. poumon droit ; — P.g. poumon gauche (chez ce saurien serpentiforme les poumons sont très inégaux, comme cela s'observe chez les Ophi-diens).

e. **Poumon d'un ophidien** (EXEMPLE TIRÉ DU BOA). — Les deux poumons P.d. et P.g. sont très inégaux.

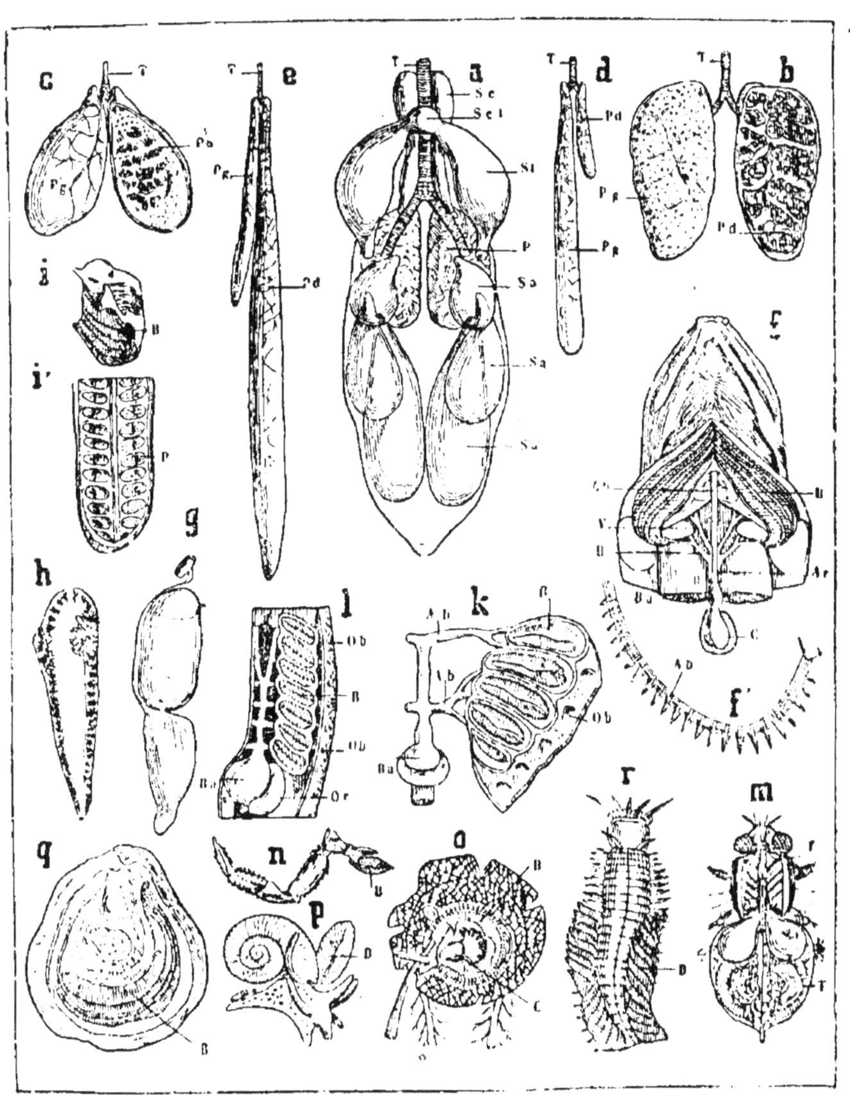

APPAREIL RESPIRATOIRE DANS LA SÉRIE ANIMALE.

f. Appareil respiratoire d'un poisson (EXEMPLE TIRÉ DU CONGRE COMMUN), *C.* cœur; — *B.a.* bulbe artériel; — *A.r.* aorte; — *A.b.* artères branchiales; V. B. veines branchiales; — B. branchies.

g. Vessie natatoire d'une carpe; préparation montrant le conduit qui fait communiquer cet organe avec le pharynx.

h. Vessie natatoire d'un Silure.

i. Branchies d'un poisson de l'ordre des Malacoptérygiens (EXEMPLE TIRÉ DU NÉOCERATODUS).

i'. Poumons d'un poisson de l'ordre des Ganoïdes (EXEMPLE TIRÉ DU NÉOCERATODUS).

k. Appareil branchial d'un poisson de l'ordre des Plagiostomes (EXEMPLE TIRÉ DE LA RAIE BOUCLÉE). *Ba.* bulbe artériel; — *Ab.* artères branchiales; — *B.* branchies; — *O.b* fentes branchiales.

l. Appareil respiratoire d'un poisson de l'ordre des Cyclostomes. *Or.* oreillette; — *Ba.* bulbe aortique; — *Ab.* artères branchiales; — *B.* branchies; — *Ob.* ouvertures branchiales.

m. Appareil respiratoire chez un insecte (EXEMPLE TIRÉ DE LA MOUCHE DE LA VIANDE); les trachées sont colorées en rouge.

n. Patte branchiale d'un crustacé (EXEMPLE TIRÉ DU CRABE); B représente la branchie.

o. Appareil respiratoire d'un mollusque Gastéropode (EXEMPLE TIRÉ DE LA LIMACE ROUGE); *C.* le cœur; — *B.* branchies ou faux poumons.

p. Appareil branchial d'un mollusque (EXEMPLE TIRÉ DE LA VALVATIDE); B. branchie plumeuse.

q. Appareil branchial d'un mollusque Lamellibranche (EXEMPLE TIRÉ DE L'HUITRE); B. indique les lames branchiales.

r. Appareil branchial d'un annélide (EXEMPLE TIRÉ DE L'EUNICE GIGANTESQUE).

PLANCHES XVI ET XVII

Squelette de l'homme.

Les **muscles**, qui permettent à l'homme et aux animaux de se mouvoir et qui sont soumis à l'influence de la volonté, ont, chez presque tous les Vertébrés, pour point d'appui les **os**, constituant par leur ensemble cette charpente solide à laquelle on donne le nom de **squelette**.

Ces os que l'on divise généralement en os LONGS (**fig.** *c*, *exemple tiré du fémur*), os COURTS (**fig.** *g, exemple tiré du calcaneum*) et en os PLATS (**fig.** *oi, exemple tiré de l'os iliaque*), sont articulés entre eux de façon à permettre aux points de leur surface qui sont en contact les mouvements les plus variés tels que la rotation, la flexion, etc., etc., ce qui constitue les *articulations mobiles* (exemple **fig.** *i*, articulation de l'épaule et **fig.** *k*, articulation de la hanche). Ces surfaces sont maintenues en contact par des ligaments très résistants qui constituent la *capsule articulaire*.

Lorsque les surfaces des os sont unies entre elles de façon à ne pouvoir permettre à ces organes d'exécuter aucun mouvement, l'articulation est dite *immobile*. Nous donnerons comme exemple de ce genre d'articulation le mode d'union des os du crâne entre eux, celui des côtes avec leurs cartilages, etc., etc.

Le squelette de l'homme, qui est representé dans son ensemble sur les planches XVI et XVII de cette collection, se divise en trois régions principales : la *tête*, le *tronc* et les *membres*.

La TÊTE se divise elle-même en deux parties :

1º Le CRANE protégeant le cerveau et composé des os suivants : le *frontal*, les *pariétaux*, les *temporaux*, l'*occipital*, le *sphénoïde* et l'*ethmoïde* ;

2º La FACE qui comprend : les *os propres du nez*, les *os unguis*, les *maxillaires supérieurs*, les *os jugaux*, les *palatins*, le *vomer* et le *maxillaire inférieur*, auxquels il faut rattacher l'*os hyoïde* qui soutient le larynx.

Les os du TRONC constituent par leur ensemble la cavité *thoraco-abdominale*.

En arrière se trouve la colonne vertébrale constituée par une série de vertèbres superposées les unes sur les autres et désignées suivant la place qu'elles occupent par le nom de *vertèbres cervicales* au nombre de sept, *dorsales* au nombre de douze, *lombaires* au nombre de cinq, *sacrées* au nombre de sept, et *coccygiennes* au nombre de trois. La première vertèbre cervicale porte le nom d'ATLAS (**fig.** *a,* *atlas* vu par la face supérieure et montrant les deux surfaces qui s'articulent avec les condyles de l'occipital) ; la seconde porte le nom d'AXIS. Cette dernière vertèbre s'articule avec l'*atlas* de façon à permettre à la tête d'exécuter des mouvements de rotation assez étendus (**fig.** *b,* articulation de l'*atlas* avec l'*axis*).

La **figure** *c* nous montre la douzième vertèbre dorsale vue par sa face supérieure, position qui permet de voir le *corps* de la vertèbre, les *apophyses transverses*, les *apophyses articulaires* et l'*apophyse épineuse* ; toutes ces parties constituent par leur ensemble ce que l'on appelle l'ARC NEURAL, destiné à protéger la moelle épinière. Les vertèbres dorsales portent de chaque côté du corps de petites facettes articulaires sur lesquelles s'insèrent les *côtes* qui sont au nombre de douze paires. Les CÔTES *Ct,* qui se réunissent au sternum *St* par un cartilage, se nomment *vraies côtes*, il y en a neuf de chaque côté ; celles dont les cartilages sont flottants et qui sont au nombre de trois de chaque côté constituent les *fausses côtes C't'*.

Au squelette du tronc se rattachent les os de l'épaule et ceux du bassin. Ce sont : l'*omoplate Om*, et la *clavicule*

Cl, pour le membre supérieur, l'*os innominé oi*, pour le membre inférieur. Ce dernier se compose lui-même de trois os soudés ensemble chez l'adulte : l'*os iliaque*, l'*ischion* et le *pubis*.

Les membres supérieurs ont pour parties diverses :

1° L'*humérus Hs* ou os du bras ; 2° le *cubitus Cs* et le *radius Rs* ou os de l'avant-bras ; 3° les os du *carpe Cp*, qui sont le *scaphoïde*, le *semi-lunaire*, le *pyramidal* et le *pisiforme*, pour la première rangée ; le *trapèze*, le *trapézoïde*, le *grand os* et l'*os crochu*, pour la seconde ; 3° les *métacarpiens mtc* au nombre de cinq ; 4° enfin les *phalanges Ph* au nombre de deux seulement pour le pouce, de trois pour tous les autres doigts.

Les membres inférieurs sont constitués : 1° par le *fémur Fr*, ou os de la cuisse ; 2° par le *tibia Tb* et le *péroné Pé* constituant la jambe ; 3° par le *calcaneum Cm*, isolé dans la **figure** *g*, l'*astragale*, le *scaphoïde* et les trois *cunéiformes* formant le tarse ; 4° par les *métatarsiens mtt* au nombre de cinq (région métacarpienne) ; 3° enfin par les *phalanges ph*. A ces os il faut ajouter la *rotule rt* qui fait partie de l'articulation du genou.

La **figure** *e* de cette planche montre un fémur isolé et vu par sa face antérieure.

La **figure** *f* donne les rapports que le tibia et le péroné ont entre eux.

Les **figures** *i* et *k* représentent : la première la section de l'articulation scapulo-humérale, *hs* est la tête de l'humérus, *om* la cavité glénoïde de l'omoplate. La seconde nous montre la tête du fémur *br* pénétrant dans la cavité cotyloïde du bassin. Les surfaces osseuses sont maintenues en contact par les ligaments de l'articulation.

Fig. A. Squelette humain vu par sa face antérieure.

Cr, crâne.
Fc, face.
Vc, vertèbres cervicales.
Vd, vertèbres dorsales.
Vl, vertèbres lombaires.
Vs, vertèbres sacrées.
Cl, clavicule.
Om, omoplate.
Ct, côtes.
St, sternum.
Oi, os iliaque.
Is, ischion.
Pb, pubis.

Hs, humérus.
Cs, cubitus.
Rs, radius.
Cp, carpe.
Mtc, métacarpe.
Ph, phalanges.
Fr, fémur.
Rt, rotule.
Tb, tibia.
Pr, péroné.
Ts, tarse.
Mtt, métatarse.
Ph, phalanges.

Fig. a. Vertèbre atlas vue par sa face supérieure.

— **b. Rapports de l'atlas et de l'axis.**

— **c. Vertèbre dorsale vue par sa face supérieure.**

— **d. Vertèbre dorsale d'un jeune sujet;** le corps n'est pas encore soudé aux pièces qui constituent l'arc neural.

— **e. Fémur.**

— **f. Tibia et péroné.**

— **g et h. Calcaneum vu par les faces supérieure et antérieure.**

— **i. Articulation scapulo-humérale** (une section de cette articulation montre les surfaces des os en contact, la capsule fibreuse de l'articulation, le tendon du muscle biceps, etc., etc.).

— **k. Articulation coxo-fémorale** montrant la tête du fémur maintenue dans la cavité cotyloïde du bassin.

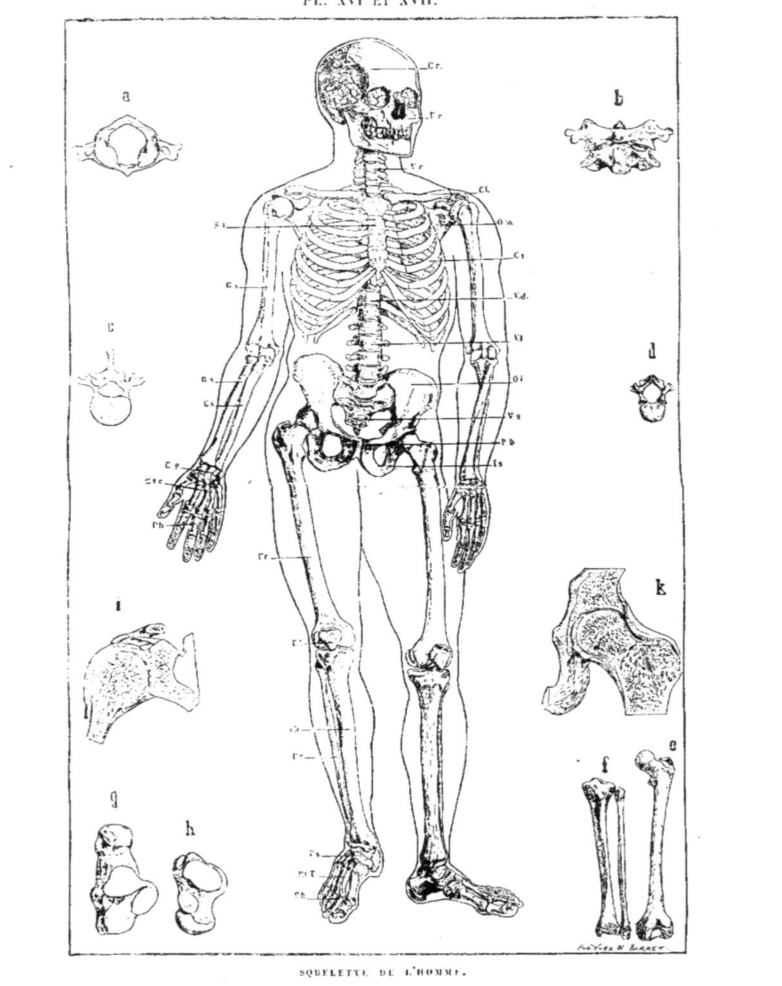

SQUELETTE DE L'HOMME.

PLANCHE XVIII

Myologie de l'homme.

Cette planche est consacrée à la **myologie** de l'homme ; elle ne donne que la couche superficielle des muscles de la partie antérieure du corps.

La **myologie** est cette partie de l'*Anatomie* qui traite des muscles. Elle étudie leur situation, leur nombre, leur forme, leur volume, leur direction, leurs points d'insertion, les rapports qu'ils ont entre eux ou avec les organes voisins, leur structure, leur composition chimique, leur mode de développement, leur rôle physiologique, etc., etc.

Il y a deux sortes de **muscles** : 1° les MUSCLES STRIÉS, qui sont soumis à l'action de la volonté et que l'on nomme *muscles de la vie animale*; 2° les MUSCLES LISSES ou *muscles de la vie organique*. Les premiers s'insèrent sur les os qu'ils mettent en mouvement, les autres appartiennent surtout aux organes de la digestion, à ceux de la respiration, de la génération, etc.

On compte dans le corps de l'homme environ 500 muscles à fibres striées, et soumis par conséquent à l'empire de la volonté. Il serait trop long et tout à fait inutile de les énumérer ici. Disons seulement qu'on les divise par régions ; ceux du tronc sont, d'après *Sappey*, au nombre de 190 ; il y en a 63 à la tête, 98 aux membres supérieurs, 104 aux membres inférieurs ; 46 enfin sont annexés aux appareils de la vie de nutrition, ce qui fait un total de 501 muscles, dont près de 400 sont spécialement affectés aux organes locomoteurs.

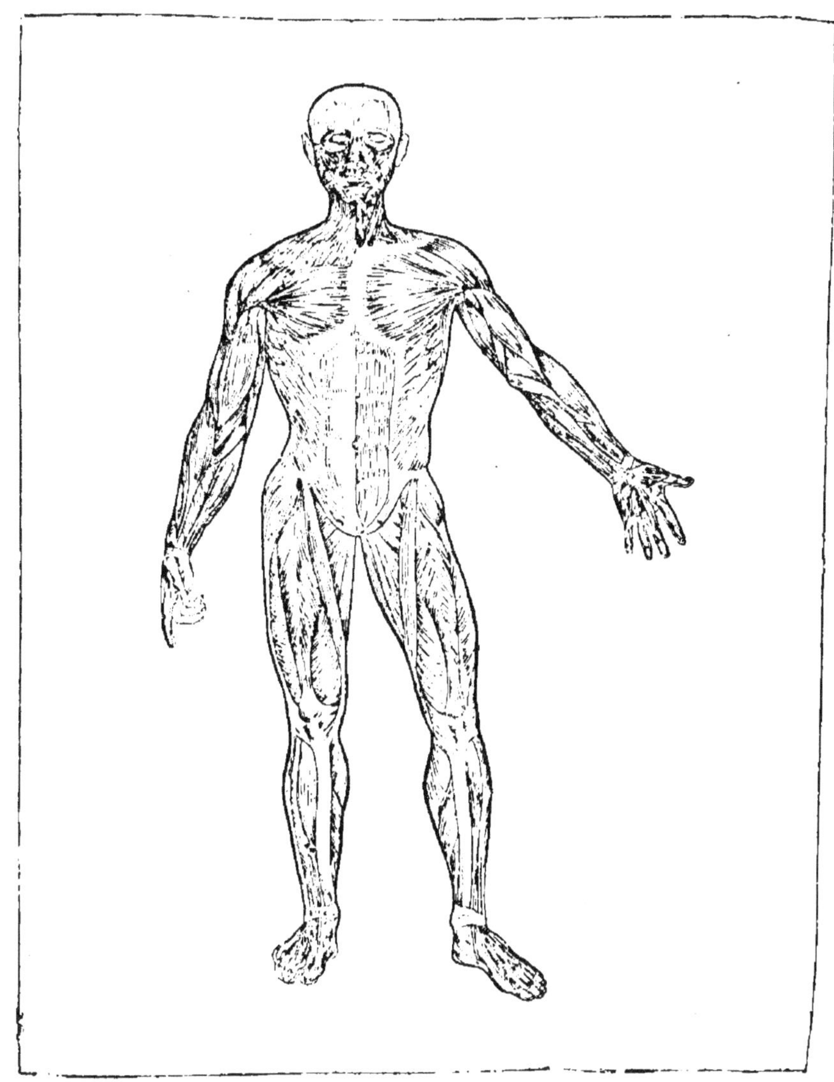

EXPLICATION DE LA PLANCHE XVIII.

Couche superficielle des muscles du corps de l'homme. (Sujet vu par la face antérieure.)

PLANCHE XIX

Squelette des Mammifères.

Le **squelette** des autres animaux de la classe des **Mammifères** n'est pas toujours composé du même nombre d'os que celui de l'homme ; comme chez ce dernier cependant, leur occipital s'articule avec l'atlas par deux condyles ; leur mâchoire inférieure est formée de deux branches se réunissant à leur partie antérieure pour former un seul os ; ils ont en avant de la face et séparant leurs os maxillaires un os appelé incisif qui porte les dents incisives ; le nombre de leurs vertèbres est, sauf quelques exceptions, généralement le même, etc., etc. Ces animaux ont cependant, suivant l'ordre auquel ils appartiennent, des caractères ostéologiques bien tranchés et dans lesquels on trouve des indications qui sont d'un grand secours pour reconnaître leurs affinités et leur assigner la place qu'ils doivent occuper dans la répartition de leurs espèces en tribus, en familles, en genres, etc.

Nous représentons sur cette planche (**fig.** A) le squelette d'un mammifère de l'ordre des Jumentés ; la **figure B** est consacrée à l'ostéologie du Bœuf domestique donné comme type des animaux de l'ordre des Ruminants.

Nous sortirions des limites qui nous sont imposées dans ce travail, si nous voulions exposer ici les différents caractères ostéologiques de ces animaux. Nous nous contenterons simplement d'énumérer les différentes parties de leur squelette dans l'explication mise en regard de la planche, nous bornant à signaler ici l'absence de clavicule chez ces mammifères, la forme particulière de leur *astragale*, os dont la forme chez le Cheval diffère fort peu de celle des autres mammifères, mais devient au contraire, chez les *Ruminants* et les *Porcins*, caractéristique du groupe auquel ces animaux appartiennent : l'expansion latérale des os frontaux chez le Bœuf, os qui prennent un développement exagéré et supportent les appendices formés de tissu épidermique modifié auxquels on donne le nom de cornes, etc.

Les pieds de ces animaux représentés isolément dans les **figures** A' et A" nous montrent : 1° chez le Cheval, le métacarpe et le métatarse formés d'un seul os appelé *canon*, supportant un seul doigt, et en arrière desquels se voient les os styloïdes, sortes de métacarpiens avortés ; 2° chez le Bœuf ce même canon portant à sa partie inférieure deux poulies articulaires, indice de la soudure de deux os en un seul qui porte deux doigts, et a valu à ces animaux, ainsi qu'aux *Porcins* qui font partie du même ordre, le nom de *Bisulques*.

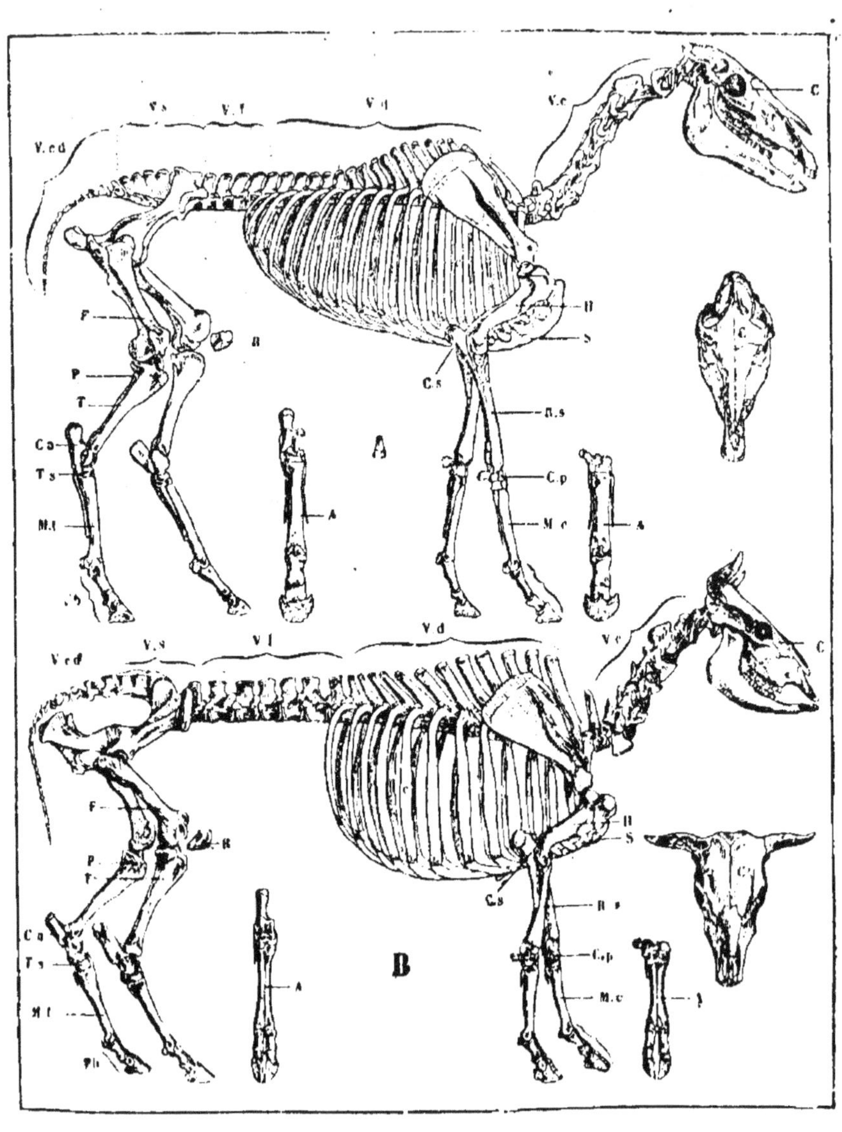

SQUELETTE DES MAMMIFÈRES.

EXPLICATION DE LA PLANCHE XIX.

Fig. A. Squelette du cheval.

C, crâne.
Vc, vertèbres cervicales.
Vd, vertèbres dorsales.
Vl, vertèbres lombaires.
Vs, vertèbres sacrées.
Vcd, vertèbres caudales.
C, côtes.
S, sternum.
Oi, os iliaque.
H, humérus.

Cs, cubitus.
Rs, radius.
Cp, carpe.
Mc, métacarpe.
Ph, phalange.
F, fémur.
T, tibia.
P, péroné.
Mt, métatarse.
Ph, phalanges.

— **A'. Pied de devant du même animal** vu par sa face antérieure et montrant les deux os styloïdes.

— **A''. Pied de derrière du même animal**, vu par sa face antérieure.

Sur le côté droit de la planche se voit le **crâne** représenté par sa face antérieure.

Les mêmes lettres indiquent les mêmes régions et les mêmes os dans la **figure B** qui représente le **Squelette du bœuf domestique.**

PLANCHE XX

Squelette des vertébrés ovipares

—

OISEAUX ET REPTILES

La **figure** *a* de cette planche représente le **squelette d'un oiseau**, l'exemple est tiré du coq domestique qui appartient à l'ordre des Gallinacés.

Chez les oiseaux, le *crâne Cr.*, dont l'ossification est très précoce et dont tous les os se soudent de très bonne heure, s'articule avec l'*atlas* par un seul condyle; leur mâchoire inférieure, au lieu de reposer directement sur le crâne, s'unit à un os supplémentaire, l'*os carré* qui s'attache directement à l'*os temporal*. Le nombre des vertèbres cervicales chez ces êtres est très variable. Leurs vertèbres dorsales sur lesquelles s'articulent les côtes présentent à leur bord postérieur une petite saillie appelée *apophyse récurrente*; ces côtes s'unissent au *sternum St.* qui a une forme très caractéristique, par des parties osseuses, particularité qui s'observe rarement chez les animaux de la classe des Mammifères. Les vertèbres *lombaires* et *sacrées* des oiseaux sont souvent soudées entre elles; celles de la région caudale varient peu quant au nombre et prennent souvent, surtout les dernières, un développement particulier.

L'épaule est composée de trois os : l'*omoplate Om.*, la *clavicule Cl.* appelée aussi *fourchette* et le *coracoïdien, Cr.*

Les os des membres ont dans chaque groupe des formes assez caractéristiques, surtout ceux du carpe, du métacarpe et les phalanges qui sont peu nombreux et bizarrement conformés. Les *métatarsiens Tm* des trois doigts principaux, distincts chez l'embryon **figure** *a'*, sont **soudés** entre eux chez l'adulte ; il y a deux phalanges au pouce, trois au doigt interne, quatre au médian, cinq au doigt externe.

Les os de ces animaux sont creusés de cavités qui permettent à l'air d'y pénétrer et d'y séjourner pendant un certain temps.

La **figure** *b* représente le **crâne d'un reptile** de l'ordre des Chéloniens vu par sa face supérieure; la **figure** *b'* montre le même crâne vu par sa face inférieure. Ce *crâne*, comme celui des oiseaux, ne s'articule avec l'*atlas* que par un seul condyle. La mâchoire inférieure des animaux de cet ordre est composée de plusieurs os et repose sur le crâne par l'intermédiaire de l'*os carré*.

La **figure** *b"* donne la section transversale du corps de la tortue terrestre. *Cp.* indique la *carapace* osseuse de cet animal, *Pl.* son *plastron*. Les os qui constituent cette enveloppe osseuse ont une autre origine que ceux du squelette intérieur et se développent aux dépens de la peau de ces reptiles, on les nomme *os dermiques*. — *V.* indique la *vertébre*, *C.* la *côte*; ces os se soudent avec la carapace. *Om.* représente l'*omoplate*, *Cl.* la *clavicule*, *Cr.* le *coracoïdien*, *H.* l'*humérus*, etc., etc.

Les **figures** *c* et *c'* nous montrent la tête d'un reptile de l'ordre des Crocodiliens (*exemple tiré du Caïman à museau de brochet*).

La **figure** *d* représente la tête osseuse d'un reptile de l'ordre des Ophidiens (*exemple tiré du Crotale*). — *C.* le crâne vu de profil; *I.* l'os incisif portant les dents incisives très développées, *Ms.* le maxillaire supérieur, *Mi.* le maxillaire inférieur.

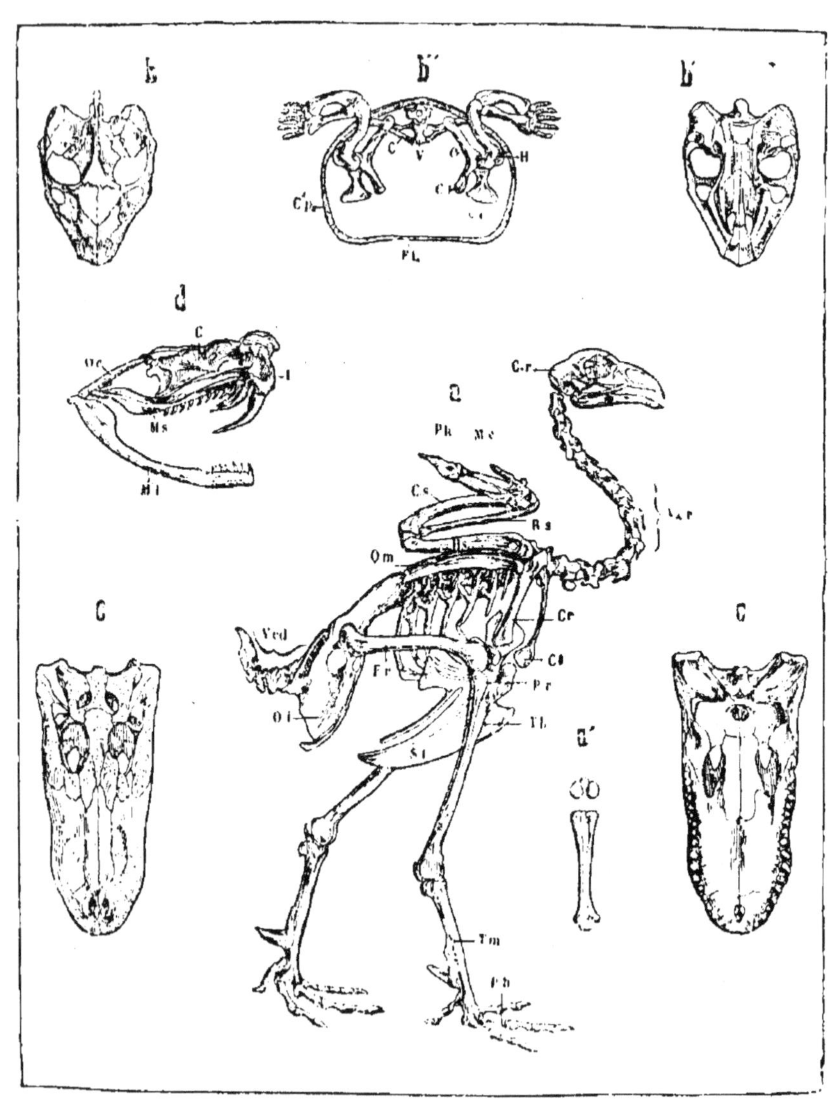

SQUELETTE DES VERTÉBRÉS OVIPARES
(OISEAUX ET REPTILES).

EXPLICATION DE LA PLANCHE XX.

Fig. a. Squelette du coq domestique.

Cr, crâne.

Vc, vertèbres cervicales.

Vcd, vertèbres caudales.

C, côtes.

St, sternum.

Cr, coracoïdien.

Cl, clavicule.

Om, omoplate.

Oi, os iliaque.

Ph, phalanges.

H, humérus.

Rs, radius.

Cs, cubitus.

Mc, métacarpe.

Ph, phalanges.

Fr, fémur.

Tb, tibia.

Pr, péroné.

Tm, tarso-métatarsien.

— a'. **Os tarso-métatarsien chez un jeune poulet** (figure montrant que cet os est le résultat de la fusion de trois os primitivement distincts).

— b. **Crâne de tortue vu par sa face supérieure.**

— b'. **— — vu par sa face inférieure.**

— b". **Un ostéodesme complet du même animal,**

V, vertèbre dorsale.

C, côte s'accolant à la carapace.

Cp, carapace (production osseuse du derme).

Pl, plastron.

O, omoplate.

Cl, clavicule.

Cr, coracoïdien.

H, humérus.

— c. **Tête de caïman vue par sa face supérieure.**

— c'. **Tête du même animal vue par sa face inférieure.**

— d. **Tête d'un ophidien** (EXEMPLE TIRÉ DU CROTALE).

C, Crâne.

I, incisif.

Oc, os carré reliant la mâchoire inférieure à la

base du crâne.

Mi, maxillaire inférieur.

Ms, maxillaire supérieur.

PLANCHE XXI

Squelette des vertébrés anallantoïdiens.

BATRACIENS ET POISSONS

Nous figurons sur cette planche qui est consacrée à l'**ostéologie** des vertébrés anallantoïdiens le **squelette** de la **Grenouille** (fig. *a*) et celui de la **Perche** (fig. *b*); le premier comme type des animaux de la classe des **Batraciens**, le second représentant celle des **Poissons.**

Mais il s'en faut de beaucoup que tous les êtres formant ces deux classes aient leur charpente osseuse établie sur le modèle de celle des espèces que nous figurons ici ; le squelette d'une GRENOUILLE diffère beaucoup de celui d'une SALAMANDRE, animal dont la région caudale est très développée, encore plus de celui d'une CÉCILIE, animaux qui appartiennent pourtant à la classe des BATRACIENS, et celui de la PERCHE ne saurait nous donner une idée exacte de la constitution des organes durs qui soutiennent les parties molles du corps chez un PLAGIOSTOME, ou chez tout autre animal classé dans les derniers ordres du groupe des POISSONS chez lesquels le squelette reste souvent à l'état cartilagineux, ou même, dans certains cas, complètement fibreux.

La **figure** *a* représente le **squelette** de la **Grenouille** commune; il est vu par la face dorsale. Le crâne de ce batracien est peu développé, sa face au contraire est très élargie. L'occipital s'articule avec la colonne vertébrale par deux condyles occipitaux; la mâchoire inférieure est formée de plusieurs pièces et s'articule avec le temporal par l'intermédiaire d'un os complémentaire, l'os *carré* que nous avons déjà signalé chez les REPTILES.

La **figure** *a'* représente le **crâne** du même animal vu par sa face inférieure; au-dessous se trouve la mâchoire inférieure placée de profil.

La région cervicale ne se compose, chez la grenouille, que d'un seul os, les vertèbres dorso-lombaires sont toutes concavo-convexes et au nombre de sept, puis vient une vertèbre sacrée à laquelle fait suite un os allongé et styliforme représentant le coccyx.

La ceinture scapulaire de ces batraciens a une forme particulière, elle a été représentée à part (**fig.** *a"*). Sur les deux pièces sternales viennent s'appuyer la clavicule et l'os coracoïdien qui s'articulent en dehors avec l'omoplate.

La **figure** *b* représente le **squelette** de la **Perche**, poisson de l'ordre des ACANTHOPTÉRYGIENS. La tête de ces animaux se compose d'un grand nombre d'os auxquels se surajoutent des pièces osseuses ou cartilagineuses, soutenant ou protégeant les organes respiratoires. Le crâne proprement dit est peu volumineux; la face, au contraire très développée, est terminée en avant par l'os incisif, seule pièce de la mâchoire supérieure qui soit armée de dents chez le poisson qui nous occupe; la mâchoire inférieure est composée de plusieurs os.

La colonne vertébrale présente une série de vertèbres dont le corps a une forme biconcave et dont les apophyses épineuses, très développées, soutiennent les rayons des nageoires dorsales; de chaque côté du corps de ces vertèbres s'articulent les côtes par l'intermédiaire des apophyses transverses, organes qui prennent, dans certaines régions et chez certaines espèces, un assez grand développement. Le squelette des organes de locomotion chez ces animaux est constitué par les nageoires; il consiste en rayons disposés en séries presque parallèles, et qui sont sous-tendus par une membrane qui se continue avec la peau dont le corps est revêtu. Ces rayons, tantôt mous, tantôt épineux, fournissent par leur nombre, leur structure et leurs rapports, de très bons caractères pour la classification des espèces. Dans le squelette de la perche que nous avons sous les yeux, il y a deux nageoires dorsales, une nageoire caudale et une nageoire anale (nageoires impaires), auxquelles il faut ajouter les nageoires pectorales et abdominales (nageoires paires).

La **figure c** représente le **crâne d'un plagiostome** vu par sa face inférieure (*exemple tiré de la Raie à museau pointu*). La bouche, reportée en dessous chez les animaux de cet ordre, est armée de petites dents aplaties disposées comme les pierres d'une mosaïque et dont la surface externe porte quelquefois un petit cône aigu et à pointe recourbée en arrière.

———————————————

EXPLICATION DE LA PLANCHE XXI

a.   **Squelette de la Grenouille commune, vu par sa face dorsale.**

a′.   **Crâne du même batracien, vu par sa face supérieure.**

a″.   **Ceinture scapulaire du même animal, vue par sa face sternale.**

b.   **Squelette d'un poisson osseux de l'ordre des Acanthoptérygiens** (EXEMPLE TIRÉ DE LA PERCHE COMMUNE).

c.   **Crâne d'un poisson de l'ordre des Plagiostomes, vu par sa face inférieure** (EXEMPLE TIRÉ DE LA RAIE A MUSEAU POINTU).

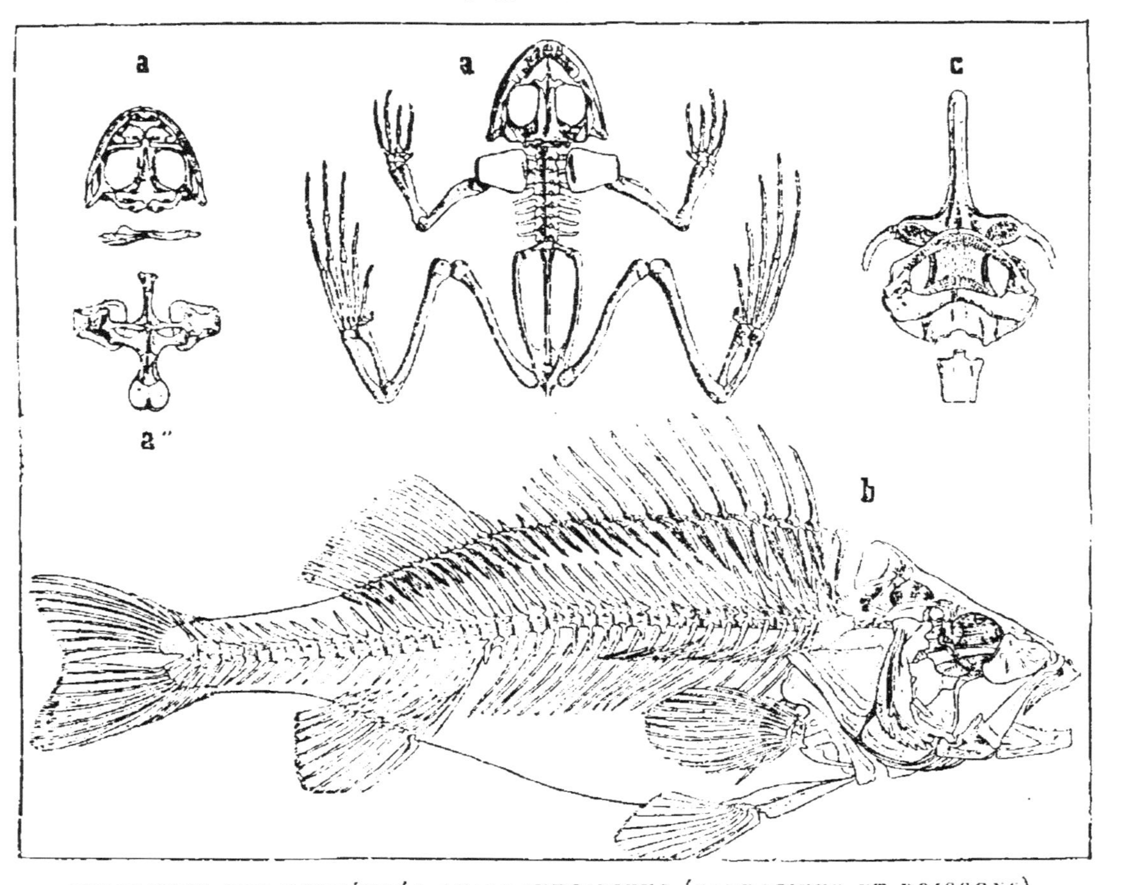

SQUELETTE DES VERTÉBRÉS ANALLANTOÏDIENS (BATRACIENS ET POISSONS).

PLANCHE XXII

Système cutané.

La **figure** *a* de cette planche représente une coupe verticale de la **peau** de l'homme. Cette coupe pratiquée sur l'index et vue à un fort grossissement montre que la muqueuse qui revêt notre corps se compose de plusieurs couches distinctes qui sont : 1° l'**épiderme** ou couche externe formée de cellules presque transparentes et complètement dépourvue de vaisseaux et de nerfs ; elle se divise elle-même en deux couches secondaires : la **couche cornée** E et la **couche de Malpighi** *Cm.* Cette dernière couche forme des ondulations se moulant exactement sur les papilles du derme placé au-dessous d'elle : nous reviendrons plus tard sur la forme de ses cellules ; 2° le **derme** placé au-dessous de l'épiderme et qui est formé en grande partie de tissu conjonctif contenant dans son épaisseur des capillaires sanguins, des nerfs, des vaisseaux lymphatiques, des glandes, des muscles lisses, les bulbes des poils, ainsi qu'une grande quantité de cellules graisseuses *C.g.* C'est dans l'épaisseur de ce derme que se trouvent placées les glandes sudoripares *G.s.*, ainsi que les glandes sébacées que l'on rencontre à la base des poils, comme nous le voyons dans la **figure** suivante (**fig.** *b*) qui représente une section verticale pratiquée sur le cuir chevelu de l'homme. Dans l'épaisseur du *derme* sont implantés deux bulbes pileux *B.p.* émettant chacun un poil *P.* qui traverse la couche épidermique protégeant le derme ; sur le trajet de chacun de ces poils se trouvent deux glandes sébacées *Gl.s.* et des muscles lisses placés dans le voisinage de ces organes et qui, lorsqu'ils se contractent, produisent le phénomène connu sous le nom de *chair de poule.*

La **figure** *c* nous donne la structure de la peau chez un oiseau ; le derme sur lequel sont implantées les plumes *P.* contient outre les rameaux sanguins *V.s.* un riche réseau de fibres musculaires réunies par faisceaux dont quelques-uns s'insèrent à la base du bulbe de la plume. Le derme ne contient ni glandes sudoripares, ni glandes sébacées ; nous y voyons au contraire un grand nombre de papilles nerveuses (*corpuscules de Paccini*).

Nous savons que l'épiderme chez l'homme est composé de deux couches distinctes : une *couche épidermique cornée* et une *couche muqueuse* ou *couche de Malpighi*. La **figure** *d* nous montre un fragment de l'épiderme de l'homme vu à un fort grossissement. Le derme *C.m.* est recouvert par une couche de cellules cylindriques serrées les unes contre les autres, ce sont les cellules pigmentaires. Au-dessus de ces cellules pigmentaires se voient les couches de jeunes cellules épidermiques de la couche de Malpighi, elles sont arrondies et pourvues de leur noyau. A mesure qu'elles avancent en âge, elles tendent à s'aplatir et sont peu à peu poussées vers la couche cornée, où elles vent remplacer les cellules les plus âgées en voie de désorganisation. Ces cellules cornées, vues à un fort grossissement, se présentent sous la forme polygonale, comme le montre la **figure** *e* où elles sont encore pourvues de leur noyau.

Les **figures** *f* et *f'* sont consacrées à l'anatomie du POIL, organe de nature cornée et implanté par sa racine au fond d'une petite dépression de la peau à laquelle on donne le nom de *bulbe* ou de *follicule pileux F.p.* Au fond de ce follicule pileux se trouve une éminence *P.p.* (**fig.** *g'* et *g''*) qui constitue la *papille,* au centre de laquelle se trouvent les vaisseaux nourriciers du poil (*V.s.*). Le poil lui-même se compose de plusieurs couches qui sont : au centre la moelle *M* enveloppée par la substance corticale *S.c.,* revêtue elle-même d'une couche de cellules constituant l'*épidermicule Ec.*, cellules visibles avec leur noyau dans toute la partie du poil voisine de sa racine. Plus en dehors se trouvent les différentes couches de la gaîne radicale divisées en *gaine radicale interne* et *gaine radicale externe G.*

Les poils naissent de la couche muqueuse de l'épiderme; ils s'enfoncent bientôt dans le derme, entraînant avec eux une enveloppe de matière amorphe. Les **figures** g', g'', g''', nous donnent trois phases différentes du développement de ces organes.

Dans la **figure** g les cellules externes commencent à se grouper pour former la masse principale du germe Gp. Dans la **figure** g' ces cellules constituent un cône distinct C enveloppé par la gaîne G; à la base du cône se voit la papille $P.p.$ La **figure** g'' nous montre le poil déjà formé et au moment où cet organe est sur le point de percer sa gaîne pour s'élever au-dessus de la couche externe de l'épiderme.

La **figure** h représente une coupe verticale de l'index de l'homme : on y voit les rapports de l'ONGLE O avec les organes voisins. Au centre se voit la phalange unguéale Ph. L'ONGLE n'est autre chose qu'une partie de l'épiderme modifié reposant dans un repli du derme appelé *lit.* Cet organe se divise en deux parties distinctes : une portion molle implantée dans le lit et une portion cornée extérieure ou substance unguéale proprement dite.

Si nous étudions au microscope la pulpe de l'index de l'homme nous trouvons au-dessous de l'épiderme E une série d'éminences papillaires du derme, qui sont tantôt vasculaires, tantôt nerveuses comme le montre la **figure** i ($P.v.$ PAPILLE VASCULAIRE; — $P.n.$ PAPILLE NERVEUSE. Ces papilles nerveuses contiennent généralement un *corpuscule du toucher* désigné sous le nom de *corpuscule de Meissner;* nous représentons l'un de ces organes de sensibilité générale fortement grossi dans la **figure** k. La **figure** l représente un *corpuscule de Paccini* isolé.

Les **PLUMES** sont, comme les poils, des productions épidermiques. Dans la **figure** *m* nous montrons les différentes parties de l'un de ces organes. *B* est le bulbe se terminant supérieurement par un cône, *Cm* sont les cônes membraneux de la tige, *B* les barbes de la plume. Le cône du tube de la plume ou partie inférieure dépourvue de barbes communique avec ceux de la tige par une ouverture désignée sous le nom d'*ombilic supérieur*.

Les **ÉCAILLES** sont comme les poils et les plumes des productions épidermiques. La **figure** *n* représente une écaille de poisson (*exemple d'écaille cténoïde*).

La couche externe de l'épiderme qui se renouvelle chez l'homme d'une façon continue se desquame au contraire chez certains reptiles et batraciens à certaines époques et constitue chez ces animaux ce que l'on nomme la *mue*. La **figure** *o* représente un fragment d'épiderme de vipère ainsi tombé.

EXPLICATION DE LA PLANCHE XXII.

a. Coupe verticale de la peau de l'index de l'homme. *E*, couche cornée de l'épiderme ; — *C.m.*, couche muqueuse de l'épiderme ; — *D*, derme ; — *G.s.*, glandes sudoripares ; — *C.e.*, *C'.e'.*, canaux excréteurs des glandes sudoripares ; — *C.g.*, amas de cellules graisseuses constituant par leur ensemble le panniculc adipeux du derme.

b. Coupe du cuir chevelu de l'homme montrant des follicules pileux ; au-dessous de la couche épidermique se trouve le derme *D* au milieu duquel sont implantés les follicules pileux *B.p.* émettant un poil *P* ; — *M*, muscles lisses se rendant à la base d'un follicule pileux ; — *Gl.s.*, glande sébacée.

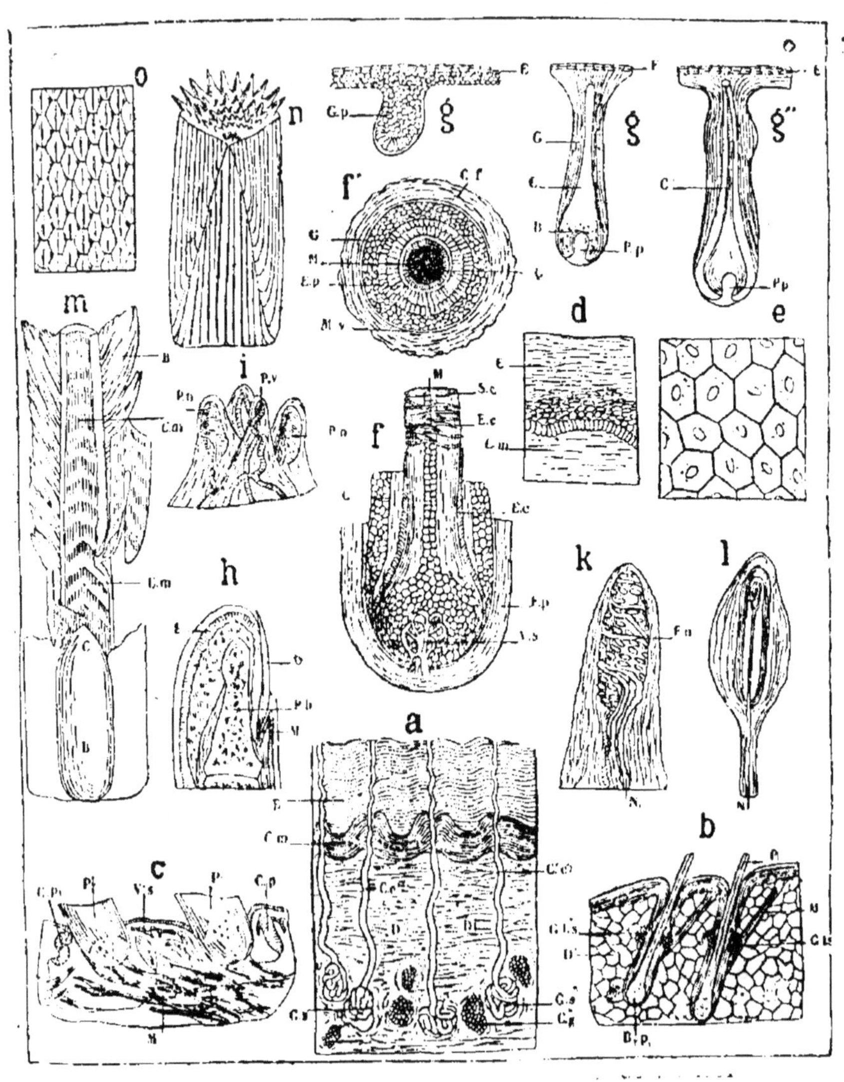

o
n
m
f'
g
g'
g''
c.r
d
e
i
P.v
P.n
P.n
f
M
S.c
E.c
C.m
E
k
l
F.n
N.
N.
h
b
c
a
SYSTÈME CUTANÉ.

c. **Coupe de la peau d'un oiseau.** Au milieu de la couche dermique sont implantées les plumes *P* à la base desquelles aboutissent des muscles lisses *M* ; — *V. s.*, vaisseaux sanguins du derme ; — *C. p.*, corpuscules de Paccini.

d. **Couche épidermique de la peau de l'homme.** *E*, épiderme corné ; — *C.m.*, couche muqueuse.

e. **Épiderme de l'homme** vu par la face externe et montrant les cellules épidermiques pourvues de leur noyau.

f. **Section verticale d'un bulbe pileux** (EXEMPLE TIRÉ DE L'HOMME). *F.p.*, follicule pileux ; — *V.s.*, vaisseaux nourriciers ; — *Ec.*, épiderme ; — *S.c.*, substance corticale ; — *M*, substance médullaire ; — *G*, gaine radicale.

f'. **Section transversale d'un bulbe pileux.**

g. **Germe pileux d'un fœtus humain.** *E*, épiderme ; — *G.p.*, cellules du germe pileux.

g'. **Germe pileux** dont le poil a commencé son développement. *B*, bulbe pileux ; — *P.p.*, papille du poil ; — *C*, tige du poil ; — *G*, gaine du poil ; — *E*, épiderme.

g''. **Germe pileux** au moment où le poil va percer l'épiderme. *P.p.*, papille du poil ; — *C*, tige du poil.

h. **Coupe longitudinale de l'extrémité de l'index de l'homme.** Figure destinée à montrer le mode d'implantation des ongles. *Ph.*, phalange unguéale ; — *M*, matrice de l'ongle ; — *O*, ongle.

i. **Papilles de la pulpe des doigts.** *P.v.*, papille vasculaire ; — *P.n.*, papille nerveuse.

k. **Papille nerveuse isolée** contenant un corpuscule du tact (corpuscule de Meissner). *N*, nerf qui se rend à la papille ; — *F.n.*, filet nerveux du corpuscule de Meissner.

l. **Corpuscule de Paccini.**

m. **Structure d'une plume d'oiseau.** *B*, bulbe ; — *C*, cône qui termine le bulbe ; — *C.m.*, cônes membraneux de la tige ; — *B*, barbes de la plume.

n. **Écaille d'un poisson** (EXEMPLE D'ÉCAILLES DITES CTÉNOÏDES).

o. **Épiderme d'un serpent** (EXEMPLE TIRÉ DE LA VIPÈRE COMMUNE).

PLANCHE XXIII

Organe du goût.

La **langue**, organe essentiel du **goût**, a aussi un rôle de sensibilité générale ; elle sert en outre à l'articulation des sons, à la mastication des aliments, etc., etc. C'est un organe charnu dans lequel on distingue deux sortes de muscles, les uns qui lui sont propres, ce sont les *muscles intrinsèques* ; les autres, destinés à la rattacher aux organes voisins, surtout aux parties du squelette qui lui servent de point d'appui, sont appelés *muscles extrinsèques.*

La langue est revêtue par une membrane muqueuse assez épaisse (**fig.** *a*), qui présente des caractères particuliers ; on y remarque, en effet, une multitude de petites papilles auxquelles on a donné suivant leur nature et leur aspect les noms de *papilles fungiformes, papilles caliciformes* et *papilles filiformes.* Ces dernières (**fig.** *e*, papille filiforme fortement grossie) sont éparses sur toute la surface de la langue et c'est à elles que cet organe doit son aspect velouté. Les *papilles fungiformes* P.*f.* sont moins abondantes que les précédentes, la **figure** *f* montre un de ces organes vu à un fort grossissement. Les *papilles caliciformes* P.*c.* sont les plus volumineuses de toutes, elles sont rangées sur deux lignes convergentes vers la base de la langue ou simulant une sorte de V, le V lingual, au sommet duquel se trouve le *trou borgne.* La **figure** *d* nous montre une de ces papilles isolée. A chacune de ces papilles se rendent des vaisseaux capillaires et des rameaux nerveux. De chaque côté et en arrière du V lingual nous trouvons une glande assez volumineuse (G.*a.*), c'est la *glande amygdale,* et plus en arrière, sur la ligne médiane, une ouverture précédée d'un cartilage triangulaire ; cette ouverture est la *glotte,* orifice des voies respiratoires.

La **figure** *b* représente une section transversale de la langue. Nous y voyons la direction des fibres musculaires qui constituent la partie charnue de cet organe.

La **figure** *c* nous permet d'étudier les différents nerfs qui se rendent à l'organe du goût (la muqueuse de la langue a été disséquée ainsi que les vaisseaux et les nerfs qui se rendent à cet organe).

Chaque moitié de la langue ne reçoit pas moins de sept branches nerveuses principales qui sont :

1° Le GRAND HYPOGLOSSE *N.h.*, nerf exclusivement moteur ; — 2° le RAMEAU LINGUAL *N.l.* du maxillaire inférieur, branche du trijumeau qui se distribue dans la muqueuse des deux tiers antérieurs de la langue et préside à la sensibilité générale et tactile ; — 3° le RAMEAU LINGUAL DU GLOSSO-PHARYNGIEN dont une branche se rend à la base de la langue ainsi qu'aux papilles calicinales ; l'autre qu'il fournit gagne l'extrémité de la langue et préside à la sensibilité gustative ; — 4° la CORDE DU TYMPAN *C.t.* qui fait communiquer le lingual avec le facial et dont le rôle est encore mal défini ; — 5° un RAMEAU LINGUAL DU FACIAL s'anastomosant avec le glosso-pharyngien ; — 6° UNE BRANCHE DU LARYNGÉ supérieur ; et 7° enfin des FILETS DU GRAND SYMPATHIQUE qui président à la nutrition de l'organe.

La langue présente de singulières variations de forme dans la série des Vertébrés ; c'est un organe tantôt large et aplati, tantôt arrondi et filiforme ; nous citerons comme exemple de langue filiforme celle de certains Édentés, le *Fourmilier* est dans ce cas. Chez les Oiseaux cet organe présente, suivant les groupes, des différences encore plus tranchées ; il est souvent CORNÉ (**fig.** *g, exemple tiré du Pic*), ou CHARNU comme cela se voit chez les Perroquets, chez le Hocco (**fig.** *h*), etc., etc. La langue des Chéloniens est généralement LARGE et ÉPAISSE (**fig.** *i, exemple tiré de la Tortue mauritanique*) ; chez les Sauriens et les Ophidiens, elle est au contraire FILIFORME et BIFIDE à son extrémité (**fig.** *l, exemple tiré du Boa*). Le Caméléon (**fig.** *k*) se distingue des autres reptiles par une langue allongée, cylindrique et terminée par une extrémité renflée en massue. L'animal peut au moyen de certains muscles rejeter cet organe hors de sa bouche et saisir à une certaine distance les insectes dont il fait sa principale nourriture. Chez les animaux de la classe des Batraciens la langue présente cette singulière particularité de s'insérer dans le voisinage de la partie symphysaire du maxillaire inférieur et d'avoir sa partie libre dirigée vers le fond de la bouche, disposition qui permet à ces animaux, qui sont dépourvus de côtes, de déglutir l'air destiné à leur respiration. La **figure** *m* montre la disposition de cet organe chez la Grenouille à tempes.

EXPLICATION DE LA PLANCHE XXIII.

a. Langue de l'homme vue par sa face supérieure. *P.f.*, papilles filiformes ; — *P.p.*, papilles fungiformes ; — *P.c.*, papilles caliciformes constituant le V lingual ; *G.l.*, glandules linguales ; — *G.a.*, glande amygdale.

b. Section transversale de la langue permettant de voir la direction des muscles qui concourent à former la partie charnue de cet organe.

c. Langue vue de profil. La muqueuse, les muscles, les vaisseaux et les nerfs ont été disséqués. *N.l.*, nerf lingual ; — *N. h.*, nerf grand hypoglosse ; — *N.g.*, nerf glosso-pharyngien ; — *C.t.*, corde du tympan ; — *N.f.*, nerf facial ; — *T*, membrane du tympan.

d. Papille calicinale (SECTION VERTICALE MONTRANT LES VAISSEAUX NOURRICIERS DE LA PAPILLE).

e. Papille filiforme (SECTION VERTICALE).

f. Papille fungiforme (SECTION VERTICALE MONTRANT LES TERMINAISONS NERVEUSES ET VASCULAIRES DE LA PAPILLE).

g. Langue filiforme cornée d'un oiseau (EXEMPLE TIRÉ DU PIC).

h. Langue charnue d'un oiseau (EXEMPLE TIRÉ DU HOCCO).

i. Langue de chélonien (EXEMPLE TIRÉ DE LA TORTUE MAURITANIQUE).

k. Langue de saurien (EXEMPLE TIRÉ DU CAMÉLÉON).

l. Langue d'ophidien (EXEMPLE TIRÉ DU BOA CONSTRICTOR)

m. Langue de batracien (EXEMPLE TIRÉ DE LA GRENOUILLE A TEMPES).

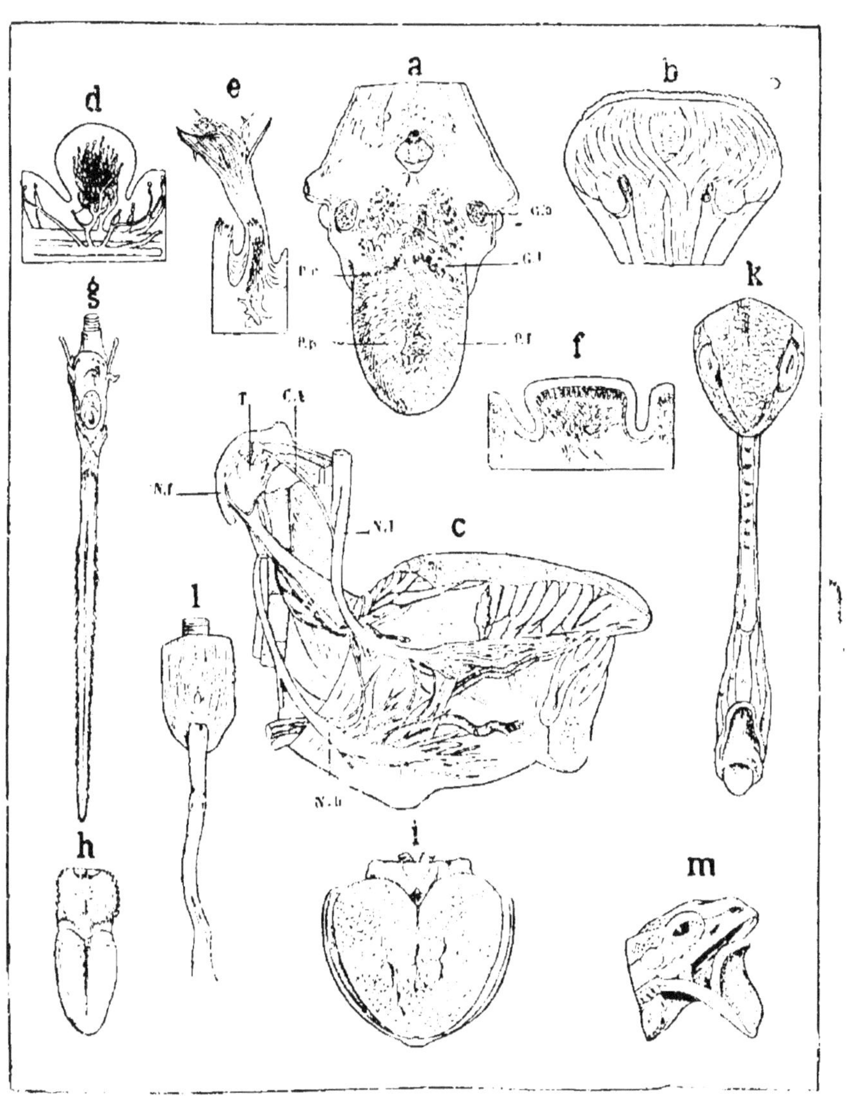

ORGANE DU GOÛT.

PLANCHE XXIV

Organe de l'olfaction.

L'organe chargé de percevoir les impressions odorantes se compose de deux parties : 1° une partie externe, le **nez,** dont le rôle est de recueillir les molécules odorantes qui s'échappent des corps; 2° une membrane sentante qui tapisse les fosses nasales, et que l'on nomme **muqueuse pituitaire.**

Le nez (**fig.** *a*) est cet organe saillant qui occupe le milieu de la face ; il est constitué par une charpente semi-osseuse, semi-cartilagineuse, recouverte par la peau. La portion osseuse constituant les fosses nasales est formée par les os propres du nez *O.n.*, le frontal, l'ethmoïde, les os unguis, les palatins, les maxillaires supérieurs, etc., et par des cartilages au nombre de cinq, quatre latéraux *C.l.*, *C.n.* et un médian *C.c.*, qui est le cartilage de la cloison. En avant se trouvent les deux orifices auxquels on donne le nom de narines. L'orifice postérieur (**fig.** *b*) est séparé en deux parties par le vomer ; c'est dans son voisinage que se trouvent de chaque côté les orifices des *trompes d'Eustache*, conduits faisant communiquer l'oreille moyenne avec l'arrière-gorge. Les fosses nasales postérieures débouchent dans le pharynx *Ph* en avant duquel se voit le voile du palais terminé inférieurement par la *luette L*.

Les fosses nasales sont tapissées par la *membrane pituitaire*, cette muqueuse revêt aussi la face interne des sinus qui communiquent avec elles. La plus compliquée de ces parois des fosses nasales est la paroi externe, elle présente en effet une série d'éminences repliées sur elles-mêmes, auxquelles on donne le nom de *cornets du nez*. Ces cornets, comme le montre la **figure** *c*, sont au nombre de trois, ils sont désignés sous le nom de CORNETS SUPÉRIEURS *C.s.*, CORNETS MOYENS *C.m.* et CORNETS INFÉRIEURS *C.i.* Cette cloison externe sépare les fosses nasales des sinus maxillaires avec lesquels elles communiquent. La coupe de l'organe de l'olfaction que nous représentons **figure** *c* est pratiquée au niveau des grosses molaires.

Le sens de l'odorat réside surtout dans les parties supérieures des fosses nasales, il s'exerce par l'intermédiaire des nerfs olfactifs *N.o.* (**fig.** *e*), dont les branches traversent la lame criblée de l'ethmoïde pour venir s'épanouir sur la muqueuse qui tapisse le haut de la cloison ainsi que les replis du cornet supérieur. Les cornets moyens et inférieurs du nez reçoivent des nerfs de la cinquième paire ou du *trijumeau*, comme le montre la **figure** *d* représentant une coupe de l'organe olfactif pratiquée suivant un plan vertical antéro-postérieur; ces nerfs président surtout à la sensibilité générale de l'organe ainsi qu'aux fonctions de sécrétion et de nutrition.

La **figure** *f* est consacrée à l'étude de la structure de la *membrane pituitaire*. Cette muqueuse présente à sa face externe une couche de cellules épithéliales munies de cils *vibratiles* au-dessous de laquelle serpentent des vaisseaux sanguins et des nerfs. Elle contient dans son épaisseur un grand nombre de glandes *Gl*, *G'l* que l'on désigne sous le nom de GLANDES MUCIPARES, et qui sécrètent la *morve* dont le rôle physiologique est de lubréfier sans cesse l'organe olfactif.

Nous donnons dans la **figure** *g* la structure des cellules terminales des nerfs olfactifs.

Le nez est un organe anatomiquement double; il y a deux nerfs olfactifs, un pour la narine gauche, un pour la droite. Si nous étudions l'organe olfactif dans la série des animaux sa duplicité devient très évidente. Chez l'éléphant il se prolonge en avant en une sorte de tube charnu qui constitue la TROMPE dont nous donnons dans la **figure** *h* une section transversale; le centre est occupé par deux orifices placés à une certaine distance l'un de l'autre et qui ne sont autre chose que les deux narines séparées l'une de l'autre dans toute leur étendue.

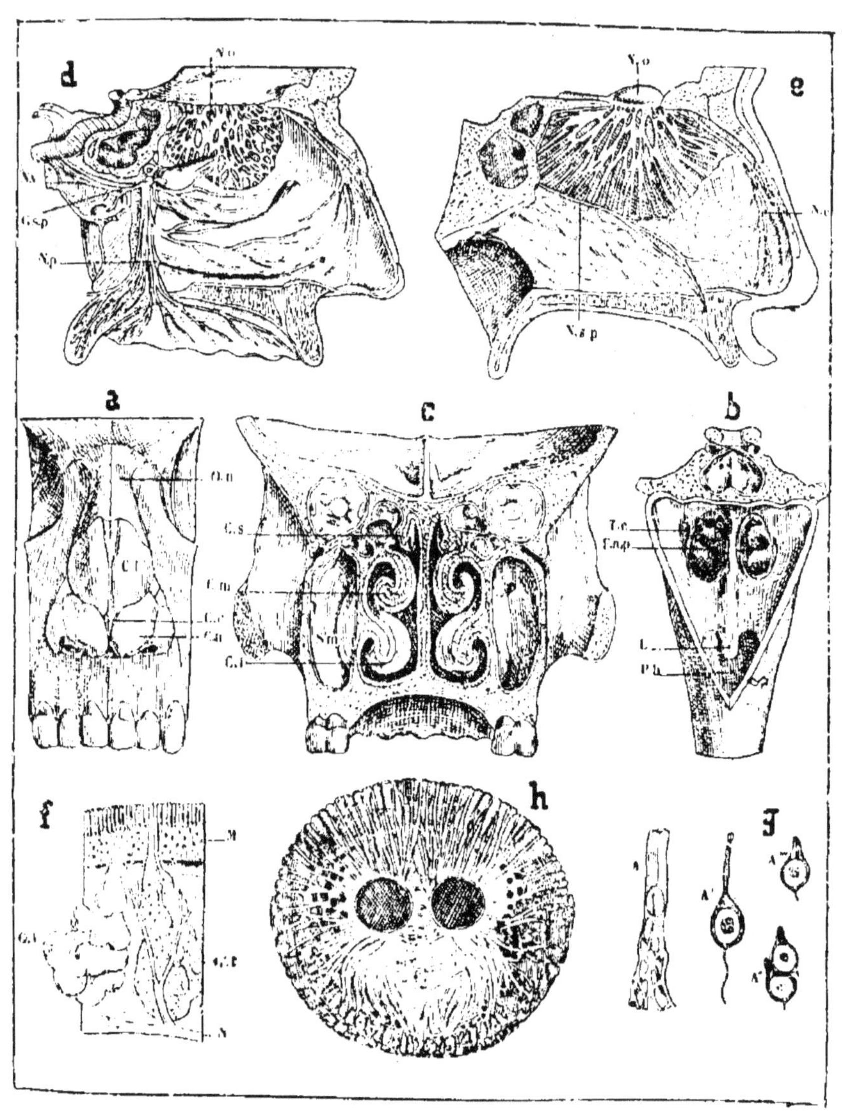

ORGANE DE L'OLFACTION

EXPLICATION DE LA PLANCHE XXIV.

a. **Charpente osseuse et cartilagineuse du nez.** *O.n.*, os propres du nez; — *C.l.*, cartilages latéraux; — *C.n.*, cartilages des narines.

b. **Orifice postérieur des fosses nasales** *F.n.p.* à travers lequel on aperçoit les cornets du nez. *Ph.*, pharynx; — *T.e.*, trompe d'Eustache ; — *L*, luette.

c. **Section transversale des fosses nasales.** Sur la ligne médiane se trouve la cloison. On voit de chaque côté les cornets supérieurs *C.s.*, les cornets moyens *C.m.*, et les cornets inférieurs, *C.i.* ; — les lettres *S.m.* indiquent des sinus maxillaires.

d. **Section longitudinale du nez** par un plan parallèle à la cloison et passant un peu en dehors d'elle. La muqueuse pituitaire a été disséquée pour montrer l'épanouissement du nerf olfactif *N.o.* *N.v.*, *nerf vidien*; — *G.s.p.*, ganglion sphéno-palatin; — *N.p.*, nerf palatin.

e. **Section longitudinale de l'organe de l'olfaction** montrant le lobe olfactif *N.o.* et son épanouissement sur la paroi interne des fosses nasales.

f. **Coupe de la membrane pituitaire** vue à un fort grossissement. *M.*, couche externe de la muqueuse; *Gl*, *Gl'*, glandes muqueuses ; — *N*, terminaison d'un rameau nerveux.

g. **Terminaison des filets du nerf olfactif.**

h. **Section transversale de la trompe de l'éléphant** montrant les canaux distincts de chaque narine.

PLANCHE XXV

Appareil de la vision
chez l'homme.

Cette planche est consacrée à l'anatomie de l'œil de l'homme. Cet organe chargé de recueillir les sensations lumineuses reçoit du cerveau un nerf spécial, le **nerf optique,** constituant avec celui du côté opposé la deuxième paire nerveuse des nerfs dits *crâniens*.

L'appareil de la vision se compose, chez l'homme et les animaux qui s'en rapprochent le plus, du GLOBE DE L'ŒIL formé de parties très complexes auxquelles il faut joindre des organes accessoires chargés de protéger cet organe, de le mouvoir, etc., etc.

La **figure** *a* nous montre l'organe de la vision vu par sa face antérieure. Le globe oculaire est protégé en avant par les PAUPIÈRES, sortes de voiles mobiles formés par la peau et revêtus à leur face interne d'une membrane muqueuse très-délicate nommée *conjonctive*, continuellement humectée par un liquide spécial sécrété par la glande *lacrymale G.l.* Ce liquide qui constitue les LARMES, lorsqu'il s'écoule avec abondance se rend par les pores lacrymaux *P.l.* dans le canal lacrymal *C.l.* et de là dans les fosses nasales chargées de l'expulser hors de l'économie. Au-dessus du globe de l'œil se voit l'arcade sourcilière du frontal, l'un des os qui concourent à former la cavité de *l'orbite*.

La **figure** *b* représente l'œil vu par sa face externe. En avant du globe oculaire *O*, se trouvent les paupières. Sur le globe lui-même s'insèrent les MUSCLES chargés de le mouvoir ; ils sont au nombre de six : quatre muscles droits, le *droit supérieur* **D.s.**, le *droit inférieur* **D.i.**, le *droit externe* **D.e.** et le *droit interne* **D.i.**, auxquels il faut joindre le *grand oblique* et le *petit oblique*. Ces muscles vont tous s'insérer au fond de l'orbite sur un anneau fibreux au centre duquel passe le nerf optique **N.o.** à côté duquel se voit l'artère ophthalmique **A.o.**

Le globe de l'œil, qui a une forme à peu près sphéroïdale, est constitué par une membrane extérieure résistante appelée SCLÉROTIQUE **Sc.** (**fig.** *c*) ; cette membrane enchâsse, en avant une portion de sphère de plus petit diamètre formée d'un tissu transparent, à laquelle on donne le nom de CORNÉE TRANSPARENTE **C.** Si, comme le montre la **figure** *c*, on enlève une partie de cette cornée, on aperçoit au-dessous une membrane circulaire, l'IRIS **I**, percée à son centre d'une ouverture destinée au passage des rayons lumineux, la PUPILLE **P.** En arrière de l'iris se trouvent le CRISTALLIN, puis les PROCÈS CILIAIRES **P.c.** qui se continuent vers le fond de l'œil par la CHOROÏDE **Cr.**, membrane vasculaire de l'œil et pourvue d'une grande quantité de granules pigmentaires. La choroïde est revêtue intérieurement par la RÉTINE, membrane très délicate formée par l'épanouissement du nerf optique déjà divisé, au point où il traverse la sclérotique, en une multitude de petits faisceaux secondaires comme le montre la **figure** *g*.

La **figure** *d* montre le cercle ciliaire **C.c.** vu en entier par sa face postérieure ; en dedans se trouve l'IRIS **I** percé de son trou, la PUPILLE **P.**

La **figure** *h* représente le fond de l'œil. La rétine, transparente chez le vivant, permet d'apercevoir en arrière d'elle les vaisseaux du fond de l'œil. **P.o.** est la *papille optique*, **T.j.** la *tache jaune*.

Dans la **figure** *e* une grande partie de la sclérotique **Sc.** a été enlevée pour montrer la choroïde **Ch.** La cornée coupée par un plan vertical laisse voir en arrière la chambre antérieure de l'œil qui est limitée postérieurement par l'iris *i* et le CRISTALLIN. Si on enlève sur un œil frais toute une moitié de la sclérotique ainsi que la partie correspondante de la choroïde et de la rétine, on aperçoit, comme le montre la **figure** *f*, l'HUMEUR VITRÉE remplissant la chambre postérieure de l'œil et sur laquelle s'applique le CERCLE CILIAIRE *c*. En avant de lui est l'IRIS *i* recouvrant le CRISTALLIN.

La **figure** *i* nous montre quelle est la structure de la RÉTINE chez l'homme. Cette membrane sentante de l'œil présente, en allant de l'intérieur à l'extérieur, les couches suivantes : 1° la couche des bâtonnets et des cônes ; 2° la couche externe des granulations ; 3° la couche intermédiaire aux couches de granulations ; 4° les granulations internes ; 5° la couche de fines granulations ; 6° la couche de cellules nerveuses ; 7° la couche des fibres du nerf optique.

La **figure** *k* représente l'ensemble de l'appareil de la vision. L'œil a été coupé par un plan vertical passant par le centre du cristallin *C* et intéressant une partie du nerf optique *N.o*.

Cette figure théorique peut servir à expliquer la marche des rayons lumineux dans l'intérieur de l'œil. La SCLÉROTIQUE *Sc.* se continue en avant par la CORNÉE TRANSPARENTE *C.t.* ; — *Ch.* est la CHOROÏDE ; — *R.*, la RÉTINE ; — *E.v.*, l'enveloppe de l'HUMEUR VITRÉE ; — *C.*, le CRISTALLIN ; — *I.*, l'iris percé de son trou la PUPILLE. La chambre antérieure *Ch.a.* contient un liquide dont la densité est à peu près égale à celle de l'eau, on lui a donné le nom d'HUMEUR AQUEUSE ; il est susceptible de se régénérer avec la plus grande facilité. La chambre postérieure beaucoup plus vaste renferme l'HUMEUR VITRÉE dont la densité est plus grande que celle du liquide précédent.

a. **Œil de l'homme vu par la face antérieure.** La peau
de la paupière supérieure a été enlevée pour montrer les vaisseaux et les nerfs de cette partie protec-
trice du globe oculaire. *G.l.*, glande lacrymale ; —
P.l., pores lacrymaux ; — *C.l.*, canal lacrymal ; —
C.n., canal nasal.

b. **Section longitudinale de l'orbite** montrant le globe
de l'œil, les muscles qui le mettent en mouvement
ainsi que les vaisseaux et les nerfs qu'il reçoit. *O*, globe
de l'œil ; — *D.s.*, muscle droit supérieur ; — *D.i.*,
muscle droit inférieur ; — *D,e.*, muscle droit externe
en arrière duquel se voit le muscle droit interne *D.i.* ;
— *G.o.*, muscle grand oblique ; — *P.o.*, muscle petit
oblique. Tous ces muscles s'insèrent sur un anneau
fibreux en dedans duquel passent le nerf optique *N.o.*
et l'artère ophthalmique *A.o.*

c. **Figure montrant les rapports des différentes membranes de l'œil.** *Sc.*, sclérotique ; — *C*, cornée transparente ; *I*, iris au centre duquel se voit la pupille *P* ;
— *P.c.*, procès ciliaires ; — *Cr.*, choroïde.

d. *P*, pupille ; — *I*, iris vu par la face postérieure ; —
C.c., cercle ciliaire vu par la face postérieure.

e. Dans cette figure la sclérotique a été enlevée en partie
pour montrer la surface extérieure de la choroïde.
Ch., choroïde ; — *C*, cornée transparente ; — *I*, iris ;
— *Sc.*, sclérotique.

f. **Coupe intéressant la sclérotique, la choroïde et la
rétine.** On aperçoit l'humeur vitrée *H.v.* remplissant
la chambre postérieure de l'œil et sur la face antérieure de laquelle s'appuie le cercle ciliaire *C.c.* ; —
I, iris ; — *C.t.*, cornée transparente.

g. **Point où le nerf optique traverse la sclérotique.**

h. **Rétine vue par sa face antérieure.** *P.o.*, papille
optique ; — *T.j.*, tache jaune.

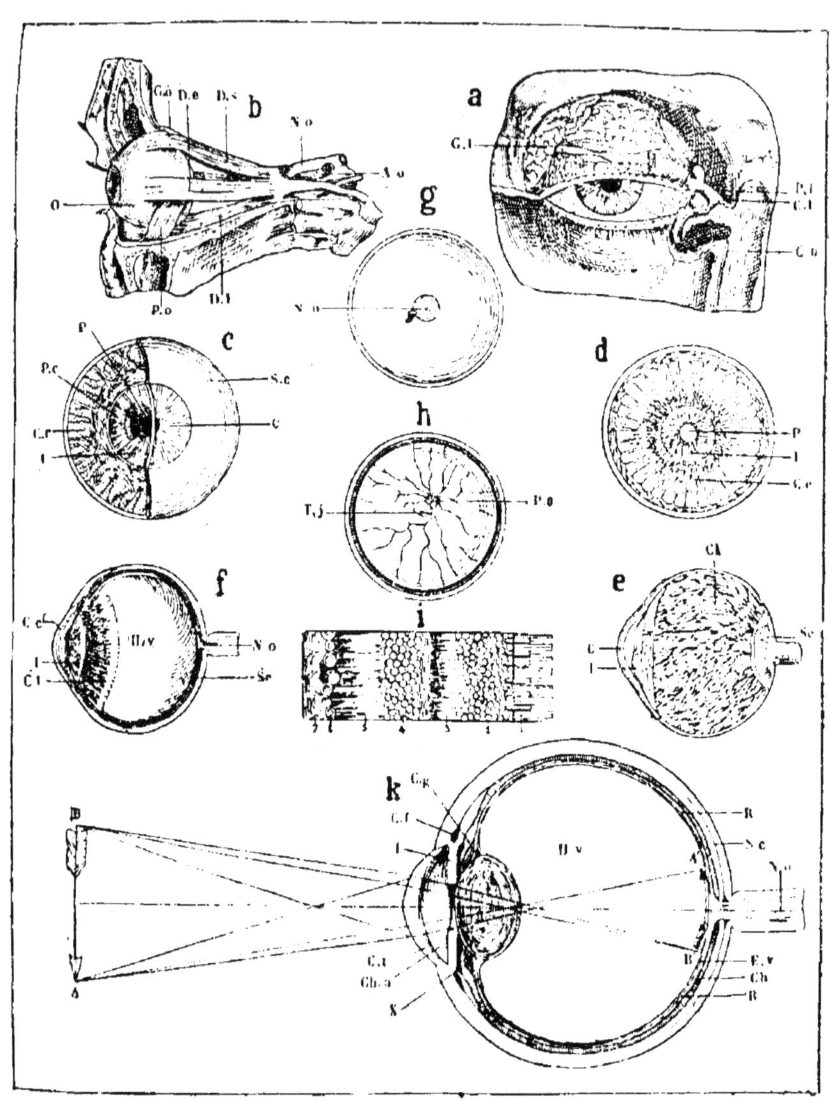

APPAREIL DE LA VISION.

i. Structure de la rétine. 1º Couche des bâtonnets et des cônes ; 2º couche externe des granulations ; — 3º couche intermédiaire aux couches granuleuses ; 4º couche interne des granulations ; — 5º couche granuleuse ; — 6º couche des cellules nerveuses ; — 7º couche des fibres du nerf optique.

ir. Ensemble de l'appareil de la vision, figure théorique destinée à expliquer la marche des rayons lumineux à travers les milieux réfringents de l'œil. *N.o.*, nerf optique ; — *Sc.*, sclérotique ; — *Ch.*, choroïde ; — *R*, rétine ; — *C.t.*, cornée transparente ; — *I*, iris ; — *C.f.*, canal de Fontana ; — *C.g.*, canal godronné ; — *Ch.a.*, chambre antérieure de l'œil renfermant l'humeur aqueuse ; — *X*, prétendue chambre postérieure de l'œil ; — *H.v.*, Humeur vitrée ; — *E.v.*, enveloppe de l'humeur vitrée ; — *C.*, cristallin ; — *AB*, corps lumineux dont l'image renversée se peint au fond de l'œil en *A'B'*.

PLANCHE XXVI

Œil dans la série animale.

Nous représentons dans cette planche les principales modifications de l'œil dans la série des animaux.

Chez les OISEAUX (**fig.** *a*) cet organe est protégé par trois paupières, une paupière supérieure et une paupière inférieure. A ces organes qui remplissent le même rôle que ceux qui leur correspondent chez les Mammifères s'en joint un troisième appelé *membrane nictitante* et qui est mis en mouvement par des muscles spéciaux. La cornée, sauf dans les espèces à mœurs aquatiques, est généralement plus bombée chez ces animaux qu'elle ne l'est chez les Mammifères ; le *cristallin*, très aplati, indique que les oiseaux sont naturellement *presbytes*. Mais les oiseaux ont, pour accommoder leur vue aux distances, un organe particulier, allant du cristallin à la choroïde, auquel on donne le nom de *peigne* et qui permet à ces animaux de déplacer, suivant les conditions où ils se trouvent, le foyer de leurs rayons visuels. Dans la **figure** *a* le *peigne* est cet organe qui s'étend du fond de l'œil à la partie postérieure du cristallin. Ajoutons que chez ces vertébrés la *sclérotique* est renforcée en avant par un cercle osseux contenu dans son épaisseur.

La **figure** *b* représente la section verticale de l'œil d'un REPTILE. Chez ces animaux il existe comme chez les Oiseaux une membrane nictitante. Les muscles moteurs de l'œil sont au nombre de sept. Nous voyons dans la **figure** *b* (*exemple tiré de la Tortue mauritanique*) une cornée transparente peu bombée, un cristallin sensiblement aplati en avant qu'en arrière, etc., etc. Ajoutons que la sclérotique est pourvue d'un cercle osseux chez presque tous ces animaux.

Chez les Poissons, **figure** *c* (*exemple tiré du Thon commun*), l'œil est dépourvu de paupières mobiles. La cornée transparente, peu épaisse et le plus souvent très aplatie, se continue avec l'épiderme cutané ; la sclérotique composée de tissu fibreux très épais est envahie quelquefois sur certains points par de la substance cartilagineuse ou osseuse. Le cristallin, qui est sphérique, indique que ces animaux vivant dans l'eau ont besoin d'une lentille plus réfringente que celle des vertébrés aériens. Au fond de l'œil et en arrière de la choroïde se voit une *glande*.

La **figure** *c'* donne la structure du cristallin d'un poisson.

L'organe que nous étudions se dégrade de plus en plus à mesure que nous le suivons dans les degrés inférieurs de la série animale. Chez les Vertébrés les yeux sont toujours au nombre de deux, chez les Invertébrés au contraire il peut y en avoir un plus grand nombre, comme nous le verrons chez les insectes, chez certains mollusques, etc., etc.

La classe d'animaux chez lesquels l'œil se rapproche le plus de celui des Vertébrés est celle des Mollusques et plus spécialement ceux de l'ordre des Céphalopodes chez lesquels ces organes ressemblent à ceux de certains poissons.

La **figure** *n* nous montre les différentes parties de l'œil chez un Calmar. Le cristallin présente une forme particulière ; la chambre antérieure est très petite ; la chambre postérieure, au contraire, est très vaste. Le nerf optique se divise, avant de pénétrer à travers les parois de la sclérotique, en une multitude de faisceaux et fibres nerveuses qui traversent isolément l'enveloppe externe du globe oculaire comme le montre la **figure** *n'* représentant cette membrane chez un céphalopode. Cette division du nerf optique dans le voisinage de l'œil nous permet de comprendre jusqu'à un certain point l'appareil de la vision chez les Insectes et les Crustacés, animaux chez lesquels, à part les yeux simples qui existent quelquefois, on trouve toujours des *yeux composés* auxquels on donne le nom de *stemmates.*

La **figure** *d* représente la tête d'une ABEILLE vue par sa face antérieure. Les *yeux composés*, chez cet insecte, sont volumineux et reportés sur les faces latérales ; au-dessus d'eux et en dedans, se voient trois petits *yeux simples*. La **figure** *d'* représente la section horizontale de la même région du corps chez le même animal. Du ganglion céphalique partent des filets nerveux se rendant aux organes de la vision ; ces filets sont rangés par faisceaux de chaque côté de la tête. Chacun des yeux est constitué, comme le montre la **figure** *f*, par un rameau du nerf optique constituant une petite rétine en avant de laquelle est placé un cristallin protégé par une cornée transparente.

La **figure** *e* représente la région céphalique d'un insecte dépourvu d'yeux simples. L'exemple est tiré de la Mouche de la viande.

La **figure** *e'* représente les cornées transparentes recouvrant l'œil composé d'un insecte ; chaque cornée a la forme d'un hexagone régulier.

Dans la **figure** *f'* représentant la section de l'œil composé d'un INSECTE (*exemple tiré du Sphynx*), nous voyons le nerf optique se diviser en branches secondaires pour former autant de rétines distinctes au devant de chacune desquelles se trouve un cristallin protégé par une petite cornée transparente.

De même que les insectes, les ARACHNIDES et les CRUSTACÉS ont des yeux composés. Nous représentons **figure** *i* l'œil d'une écrevisse coupé par un plan vertical. Cet organe diffère peu, comme nous le voyons, de celui des animaux que nous venons d'étudier.

La **figure** *k* montre la partie antérieure du corps d'un crustacé de l'ordre des Isopodes, le CLOPORTE, animal chez lequel les yeux composés, placés de chaque côté de la tête, sont très apparents.

La **figure** *g* représente les yeux composés chez un animal de la classe des Arachnides, sur la région médiane de la tête se trouvent les yeux simples.

Chez les animaux du groupe dont nous parlons les yeux

simples sont très rudimentaires (**fig.** *h, exemple tiré du Scorpion*), leur cristallin a la forme sphérique.

Les **figures** *l* et *m* montrent la disposition des yeux chez les ANNÉLIDES (**fig.** *l, exemple tiré de la Sangsue médicinale ;* — **fig.** *m, exemple tiré du Cherops*).

Chez les Mollusques gastéropodes les organes de la vision sont plus simples que ceux des Céphalopodes. Ces organes sont tantôt SESSILES (**fig.** *p, exemple tiré de la Lymnée*), tantôt PÉDICULÉS (**fig.** *o, exemple tiré du Colimaçon des vignes*). Chez ce dernier animal le nerf optique vient s'épanouir en arrière d'un petit cristallin protégé en avant par une cornée. Dans les Acéphales les yeux sont placés sur le bord libre du manteau, ils sont en très grand nombre, mais d'une structure tout à fait rudimentaire (**fig.** *q, exemple tiré de l'Huître*). A l'aide de certains réactifs chimiques, il est facile de rendre apparent le filet du nerf optique qui se rend à ces yeux ainsi que la petite lentille placée en avant de leur terminaison, lentille qui n'est autre chose que le cristallin.

Chez les animaux inférieurs à ceux de la classe des Mollusques, l'organe de la vision se dégrade de plus en plus. Les animaux rayonnés sont encore pourvus d'yeux, mais la vision chez ces êtres est très confuse, aussi peuvent-ils à peine distinguer la lumière d'avec l'obscurité.

EXPLICATION DE LA PLANCHE XXVI.

a. Section montrant les différentes parties de l'œil chez un oiseau (EXEMPLE TIRÉ DE L'AIGLE).

b. Section montrant les différentes parties de l'œil chez un reptile (EXEMPLE TIRÉ DE LA TORTUE MAURITANIQUE).

c. Section de l'œil d'un poisson (EXEMPLE TIRÉ DU THON COMMUN).

c′. Structure du cristallin de l'œil d'un poisson.

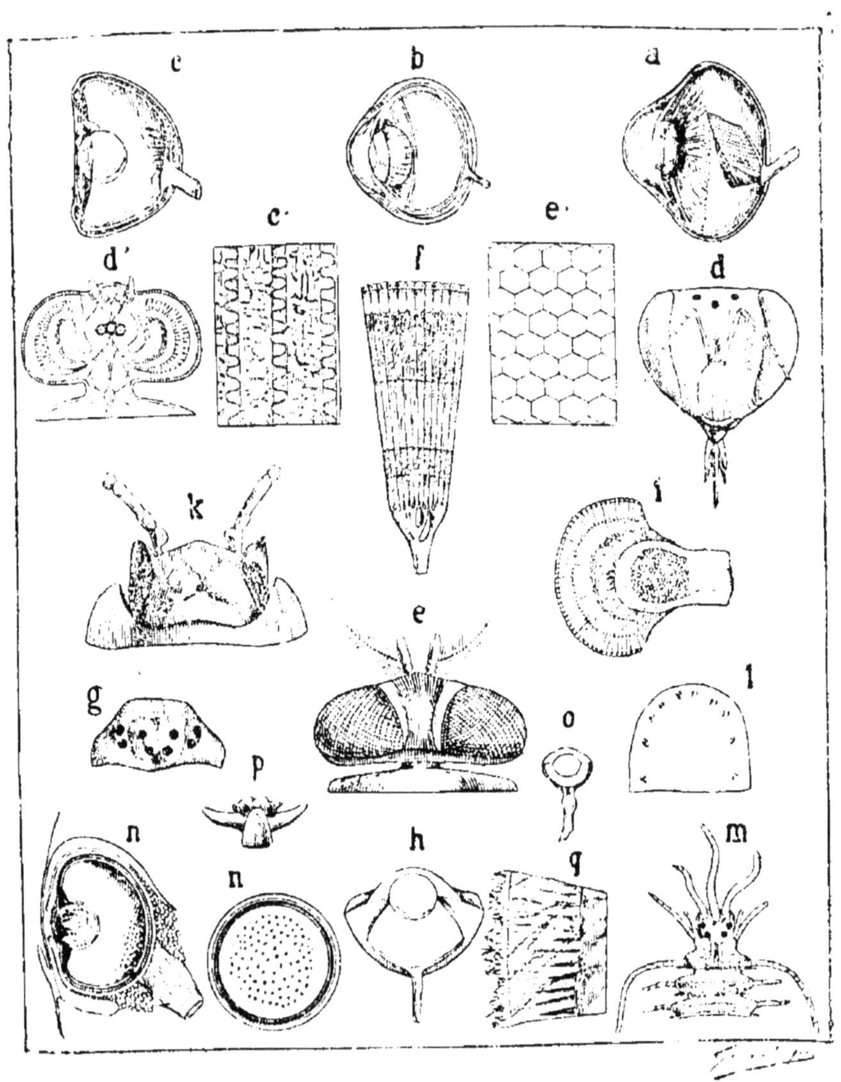

OEIL DANS LA SÉRIE ANIMALE.

d. Tête d'un insecte vue par la partie antérieure, figure montrant des yeux simples et des yeux composés (EXEMPLE TIRÉ DE L'ABEILLE COMMUNE).

d´. Section horizontale de la tête de l'Abeille (figure permettant de voir la structure des yeux simples et des yeux composés).

e. Tête d'un insecte portant seulement des yeux composés (EXEMPLE TIRÉ DE LA MOUCHE DE LA VIANDE).

e´. Cornées des yeux composés d'un insecte vues par la face externe.

f. Portion d'un œil composé d'un insecte vue à un fort grossissement (EXEMPLE TIRÉ DU SPHINX). A la base se voit le nerf optique se divisant en autant de rameaux qu'il y a d'yeux simples concourant à la formation de l'œil composé. En avant de la terminaison de chacun de ces rameaux nerveux se trouve placé un cristallin protégé par la cornée.

g. Partie antérieure du corps d'un arachnide présentant des yeux simples et des yeux composés.

h. Coupe théorique de l'œil d'un Scorpion.

i. Structure de l'œil composé d'un crustacé (EXEMPLE TIRÉ DE LA LANGOUSTE).

k. Yeux composés chez un crustacé (EXEMPLE TIRÉ DU CLOPORTE).

l. Figure montrant la disposition des yeux chez un annélide (EXEMPLE TIRÉ DE LA SANGSUE MÉDICINALE).

m. Partie antérieure du corps d'un annélide, montrant la position occupée par les yeux (EXEMPLE TIRÉ DU CHÉROPS).

n. Section montrant les différentes parties de l'œil d'un céphalopode (EXEMPLE TIRÉ DU POULPE COMMUN).

n´. Portion postérieure de la sclérotique de l'œil du même animal, montrant la division des filets du nerf optique au moment où ils traversent cette membrane.

o. Œil d'un mollusque gastéropode (EXEMPLE TIRÉ DU COLIMAÇON DES VIGNES).

p. Partie antérieure du corps d'un mollusque gastéropode montrant les yeux (EXEMPLE TIRÉ DE LA LYMNÉE).

q. Portion du manteau d'un mollusque lamellibranche sur les bords duquel sont placés les yeux (EXEMPLE TIRÉ DE L'HUÎTRE).

PLANCHE XXVII

Appareil de l'audition.

Le sens de **l'ouïe** ou **audition** a pour siège **l'oreille.**
Cet organe se compose d'une partie essentielle, le nerf
auditif, nerf qui est entouré ou précédé de parties accessoires, les unes destinées à recueillir les sons, les autres
à les renforcer et à les porter jusqu'a lui.

L'oreille se divise en trois parties désignées sous les
noms d'*oreille externe*, d'*oreille moyenne* et d'*oreille interne.*

L'oreille externe est une sorte d'entonnoir chargé de recueillir les sons ; elle se compose d'un large *pavillon* **P** au
fond duquel se trouve le *conduit auditif externe* **C.a.** Le *pavillon* est en grande partie composé par des cartilages
réunis par des ligaments, mis en mouvement par des
muscles et recouverts par la peau. Le *conduit auditif externe*
s'étend depuis le pavillon jusqu'à l'*oreille moyenne* **O.m.** de
laquelle il n'est séparé que par le *tympan* **T**, cloison formée
par une membrane très mince et élastique, s'insérant sur
un cercle osseux appelé *cercle du tympan* que nous représentons isolé et vu par sa face antérieure dans la
figure *b.*

L'*oreille moyenne* ou cavité tympanique est limitée en
avant par la membrane du tympan, elle s'appuie en arrière
sur l'oreille interne **O.i.** avec laquelle elle communique par
deux orifices de petit diamètre, la *fenêtre ovale* et la *fenêtre
ronde* (**F.o.**, **F.r.**, **fig.** *d*). Sur sa paroi inférieure débouche
la *trompe d'Eustache* **T.e.**, canal par lequel elle reçoit de

l'air venant de l'arrière-gorge, air qui pénètre, par son intermédiaire, jusque dans les cellules de l'os mastoïde. L'oreille moyenne contient une chaîne d'osselets appelés *osselets de l'ouïe* ; cette chaîne s'étend de la membrane du tympan jusqu'à la fenêtre ovale ; les osselets qui la composent ont été représentés à part dans la **figure** *c* et ils ont reçu des anatomistes des noms tirés de leur forme générale, ce sont : le *marteau M*, l'*enclume E*, l'*os lenticulaire L*, et l'*étrier Et*. Les osselets, destinés à transmettre les vibrations du tympan, sont mis en mouvement par des muscles, il y en a trois pour le marteau (muscle antérieur *M.a.*, muscle interne *M.i.* et muscle externe *M.e.*, **fig.** *a*) ; l'étrier ne possède qu'un seul muscle, son rôle consiste à faire pénétrer cet os dans la fenêtre ovale.

L'oreille interne ou *labyrinthe osseux* comprend le vestibule *V*, **fig.** *d*, les canaux demi-circulaires *C, C',C''*, et le limaçon *L*. Elle est logée dans l'épaisseur du rocher et constitue la partie essentielle de l'organe de l'ouïe. Le *vestibule* renferme en suspension, dans une humeur particulière, de petites concrétions calcaires appelées otolithes (**fig.** *f*).

Les *canaux demi-circulaires* qui débouchent dans le vestibule sont au nombre de trois, ils sont tapissés par un périoste très mince recouvert par les *canaux demi-circulaires membraneux* se continuant avec le *limaçon membraneux*. Le *limaçon*, ainsi appelé à cause de sa ressemblance avec la coquille de l'animal de ce nom, est une sorte de tube creusé dans l'épaisseur du rocher ; il est contourné en spirale et se trouve divisé intérieurement, sur toute son étendue, par une cloison incomplète, en deux rampes que nous avons représentées dans la **figure** *c* et que l'on désigne sous le nom de rampe de limaçon. C'est dans l'intérieur de ce limaçon que vient déboucher le *conduit auditif interne* par lequel le *nerf auditif* pénètre dans l'oreille. Le nerf se divise aussitôt en deux branches, une branche pour le vestibule, l'autre pour le limaçon, auquel elle fournit des filets d'autant plus courts qu'ils sont plus près du sommet de la spire.

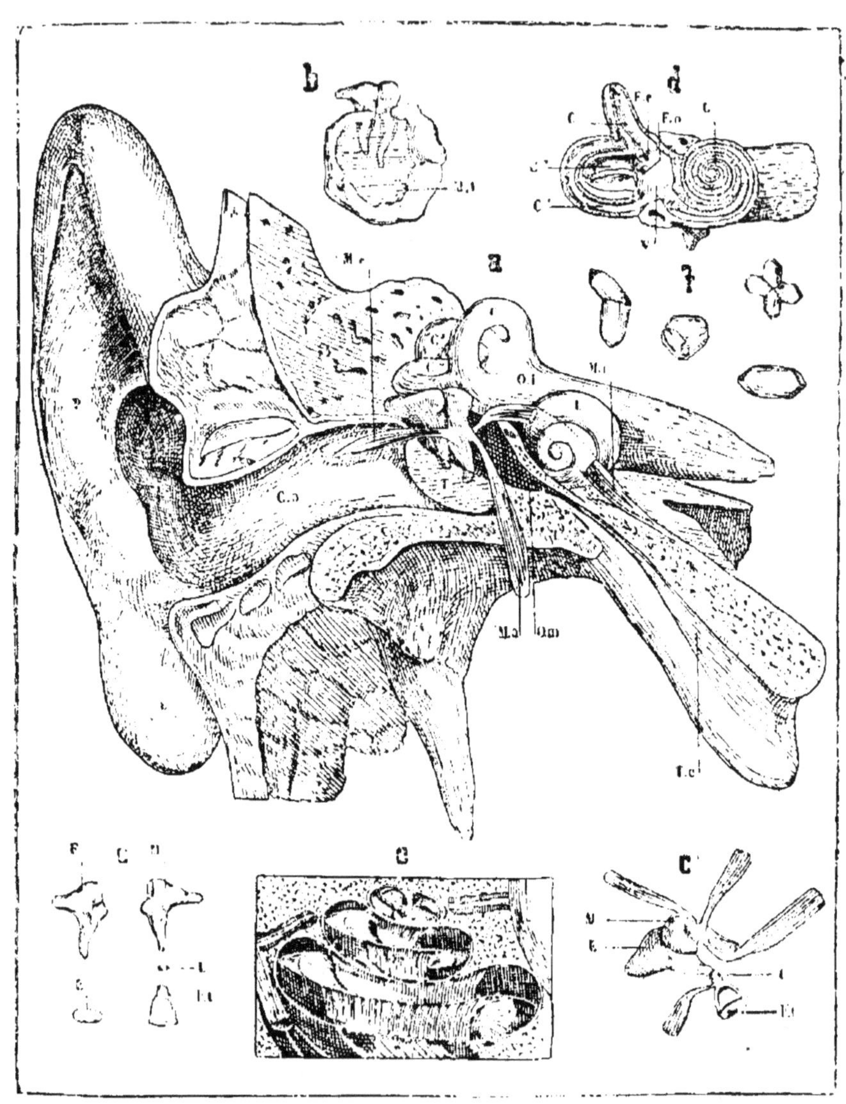

APPAREIL DE L'AUDITION.

a. Ensemble de l'appareil de l'audition de l'homme. *P*, pavillon ; — *C.a.*, conduit auditif externe ; — *T*, membrane du tympan ; — *O.m.*, oreille moyenne dans laquelle se voient les osselets de l'ouïe et leurs muscles ; — *M.e.*, muscle externe du marteau ; — *M.i.*, muscle interne du même os ; — *M.a.*, muscle antérieur ; — *T.e.*, trompe d'Eustache ; — *O.i.*, oreille interne ; — *L*, limaçon ; — *C*, *C'*, *C"*, canaux semi-circulaires.

b. Membrane du tympan *M.t.*, entourée par le cercle tympanique.

c. Osselets de l'ouïe isolés. *M*, marteau ; — *E*, enclume ; *L*, os lenticulaire ; — *Et.*, étrier.

c'. Chaîne des osselets de l'ouïe. *M*, marteau ; — *L*, os lenticulaire ; — *Et.*, étrier. Cette figure montre en outre l'insertion des muscles du marteau et de ceux de l'étrier.

d. Oreille interne. *V*, vestibule dans lequel s'ouvrent la fenêtre ronde *F.r.*, et la fenêtre ovale *F.o.* ; — *C*, *C'*, *C"*, canaux semi-circulaires ; *L*, limaçon.

e. Coupe du limaçon destinée à montrer la distribution des filets de la branche limacienne du nerf auditif sur la lame spirale.

f. Otolithes ou cristaux tenus en suspension dans le liquide contenu dans le vestibule.

PLANCHE XXVIII

Organe de la voix.

La planche XXVIII de cette collection est consacrée à l'anatomie du **larynx** de l'homme. Cet organe dans lequel se produit la voix est situé à la partie antérieure et supérieure du cou, sur le trajet de l'air qui se rend aux poumons. C'est une sorte de boîte formée de pièces cartilagineuses mobiles, communiquant par un orifice supérieur avec le pharynx, et se continuant inférieurement par la trachée artère, qui conduit aux poumons l'air de la respiration.

La **figure** *a* de cette planche qui représente le larynx dessiné par sa face antérieure, nous permet de voir l'*hyoïde Hy*, os sur lequel s'insèrent une grande partie des muscles de la langue et auquel le larynx est réuni par des ligaments fibreux. Au-dessous de l'hyoïde on aperçoit le *cartilage thyroïde C.th.* Ce cartilage forme cette saillie de la partie antérieure du cou, souvent très développée et à laquelle on donne vulgairement le nom de *pomme d'Adam;* il est réuni à l'os hyoïde par le ligament thyro-hyoïdien *L.th.* Au-dessous du cartilage thyroïde se trouve le *cartilage cricoïde C.cr*, qui a la forme d'un anneau et qui est réuni par sa partie supérieure au cartilage précédent par le ligament crico-thyroïdien *L.c.th.* Par sa partie inférieure le cartilage cricoïde se trouve en rapport avec le premier anneau de la *trachée artère T.*

Dans la **figure** *b* nous voyons le larynx par sa face postérieure. De chaque côté débordent les parties latérales du cartilage thyroïde *C.th.* également vu par sa face postérieure. Sur la ligne médiane apparaît l'*épiglotte Eg.*, sorte de soupape cartilagineuse dont la partie supérieure libre et mobile se renverse en arrière au moment du passage des aliments dans l'arrière-bouche pour les empêcher de pénétrer dans les voies aériennes dont l'ouverture est située au-dessous et constitue ce que l'on a appelé la *glotte Gl.*

Nous revoyons à la partie inférieure de la figure *b* le *cartilage cricoïde C.c.* au-dessous duquel se trouve la trachée *T.* Ce cartilage cricoïde qui s'articule, comme nous l'avons déjà vu, avec le cartilage thyroïde, disposition très apparente dans la **figure** *f* (*C.th.*, cartilage thyroïde ; — *C.cr.*, cartilage cricoïde), est en rapport à sa partie supérieure avec deux autres cartilages disposés de chaque côté de la ligne médiane : les *cartilages aryténoïdes* (*C.ar.*, **fig.** *f.*), et désignés par les lettres *C.a.* dans la **figure** *b.* Les cartilages aryténoïdes supportent eux-mêmes deux petits noyaux cartilagineux (*C.co.*, **fig.** *f*) auxquels on donne le nom de *cartilages corniculés* ou *tubercules de Santorini.* Les cartilages corniculés et les cartilages aryténoïdes protègent en arrière l'orifice appelé *glotte.*

Outre les replis fibreux qui les unissent entre eux, les cartilages du larynx possèdent aussi des MUSCLES qui sont au nombre de neuf (nous ne parlerons ici que des muscles intrinsèques, c'est-à-dire se rendant d'un cartilage à un autre) et auxquels on a donné les noms suivants :

1° Muscles *thyro-cricoïdiens* occupant les faces antérieures et latérales du larynx et allant du cartilage thyroïde au cartilage cricoïde ; — 2° muscles *crico-aryténoïdiens* postérieurs se rendant du cartilage cricoïde au cartilage aryténoïde (**fig.** *c, C.ap.*) ; — 3° le *crico-aryténoïdien* latéral ; — 4° le *tyro-aryténoïdien* ; — 5° le *muscle aryténoïdien* (**fig.** *c, M.ar.*), muscle impair allant d'un cartilage aryténoïde à l'autre.

La **figure** *d* représente le larynx coupé par un plan vertical antéro-postérieur. La muqueuse a été disséquée, ce qui permet de voir les cordes vocales *C.v.l.* Les lettres *C.t.* représentent le cartilage thyroïde ; — *C.cr.*, le cartilage cricoïde ; — *C.a.*, le cartilage aryténoïde.

Dans la **figure** *e* nous représentons l'intérieur de l'organe qui produit la voix. Le larynx a été fendu en arrière et les deux moitiés du cartilage cricoïde *C.c.* écartées l'une de l'autre ; les cartilages aryténoïdes *C.a.* sont aussi rejetés en dehors. L'épiglotte *Eg.* est vue par sa face postérieure ; au-dessous d'elle sont les cordes vocales et les ventricules latéraux du larynx *V.l.*, cavités comprises entre les cordes vocales inférieures et supérieures.

Dans la **figure** *g* nous montrons le larynx par sa face supérieure. *Eg.* représente la glotte. — *R.a.e.* est le repli aryténo-épiglottique. Au fond de l'espace compris entre la base de l'épiglotte et ce repli aryténo-épiglottique, on aperçoit la glotte *Gl.*, sorte de fente triangulaire à base dirigée en arrière au fond de laquelle se voient les cordes vocales.

EXPLICATION DE LA PLANCHE XXVIII.

a. **Larynx de l'homme vu par la face antérieure.** *Hy.*, os hyoïde ; — *G.c.*, grande corne de l'os hyoïde ; — *P.c.*, petite corne du même os ; — *C.th.*, cartilage thyroïde ; — *L.th.*, ligament thyro-hyoïdien ; — *C.cr.*, cartilage cricoïde ; — *L.c.th.* ligament crico-thyroïdien ; — *T*, trachée artère.

b. **Larynx vu par sa face postérieure.** *Eg.*, épiglotte ; — *Gl.*, glotte ; — *C.th.*, cartilage thyroïde ; — *C.c.*, cartilage cricoïde ; — *T*, trachée.

c. **Larynx vu par sa face postérieure** (*figure montrant les muscles*). *Eg.*, épiglotte ; — *R.a.ep.* repli aryténo-épiglottique ; *M.ar.*, muscle aryténoïdien ; — *C.a.p.*, muscle crico-aryténoïdien postérieur.

d. **Section du larynx** par un plan antéro-postérieur et montrant les faces latérales internes de cet organe. *C.t.*, cartilage thyroïde ; — *C.cr.*, cartilage cricoïde ; — *C.v.l.*, cordes vocales.

e. **Figure montrant l'intérieur du larynx.** *Eg.*, épiglotte ; — *C.c.* cartilage cricoïde fendu et rejeté en dehors ; — *C.a.*, cartilage aryténoïde rejeté en dehors ; — *V.l.*, ventricule du larynx ; — *M.t.a.*, muscle tyro-aryténoïdien.

f. **Cartilages du larynx vus par la face postérieure de l'organe.** *C.th.*, cartilage thyroïde ; — *C.cr.*, cartilage cricoïde ; — *C.ar.*, cartilage aryténoïde ; — *C.co.*, cartilage corniculé.

g. **Larynx vu par sa face supérieure.** *Eg.*, épiglotte ; — *R.a.e.*, replis allant du cartilage aryténoïde à la base de l'épiglotte ; — *Gl.*, glotte au fond de laquelle on aperçoit les cordes vocales.

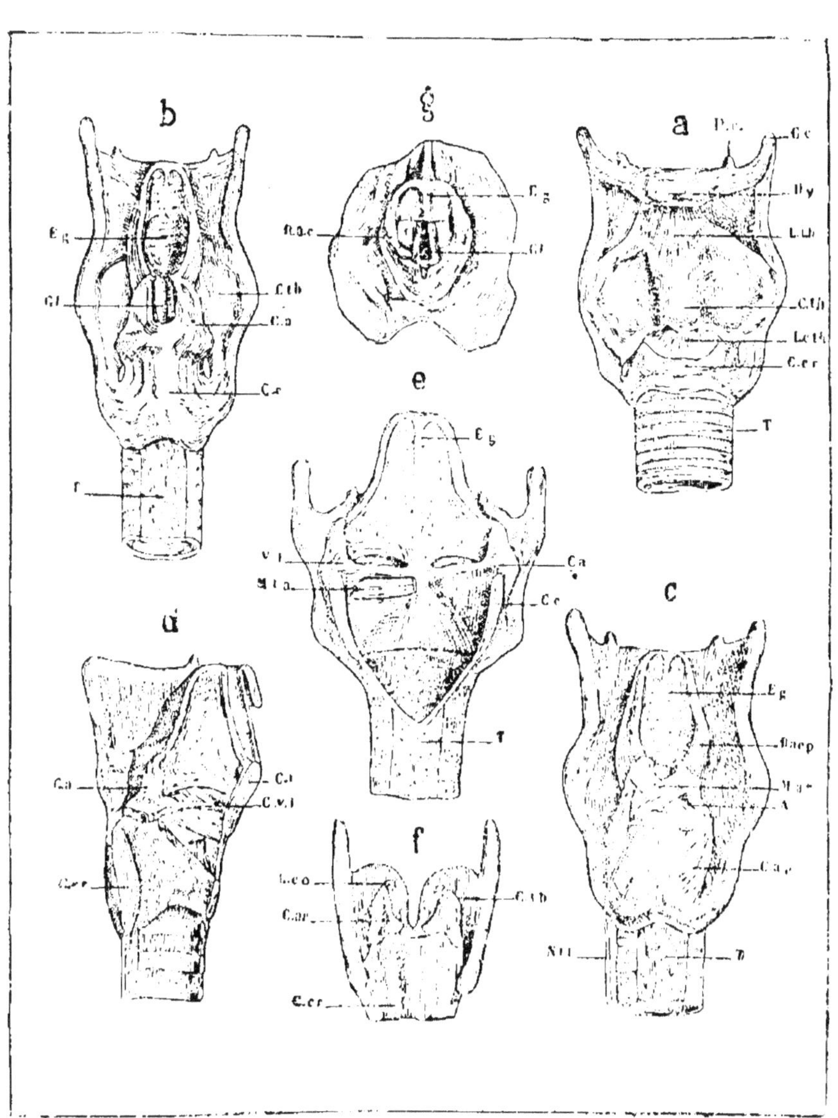

ORGANE DE LA VOIX.

PLANCHE XXIX

Système nerveux cérébro-spinal de l'homme.

Cette planche est consacrée à l'étude du **système nerveux encéphalo-rachidien** de l'homme. Ce système nerveux central, dans lequel on distingue trois parties principales : le CERVEAU, siège du *sens intime*, la MOELLE ALLONGÉE et la MOELLE ÉPINIÈRE, est protégé par une série d'arcs vertébraux dont l'ensemble constitue : 1º le CRANE, sorte de boîte protégeant le cerveau ; 2º la COLONNE VERTÉBRALE, étui osseux dans lequel est logée la MOELLE.

Les centres nerveux, déjà protégés par la boîte crânienne et la colonne vertébrale, sont en outre recouverts par des membranes auxquelles on a donné le nom de MÉNINGES. Ces membranes au nombre de trois sont, en allant de l'extérieur à l'intérieur : 1º la *dure-mère* qui est de nature fibreuse ; — 2º l'*arachnoïde*, membrane de l'ordre des séreuses ; — 3º la *pie-mère*, de structure cellulo-vasculaire dans l'encéphale, fibro-vasculaire dans sa partie rachidienne.

La première de ces membranes, la *dure-mère*, qui n'adhère jamais au cerveau, se trouve au contraire intimement unie aux surfaces osseuses qui protègent cet organe. Elle envoie plusieurs prolongements qui s'entrecroisent entre eux et pénètrent entre les différentes parties de l'encéphale et auxquels on donne les noms suivants : 1º *faux du cerveau* (lame séparant les deux hémisphères) ;

2° *tente du cervelet* (séparant horizontalement le cervelet des hémisphères); 3° *faux du cervelet* (placée verticalement entre cet organe et les hémisphères). Ces replis de la dure-mère renferment des sinus veineux auxquels on donne des noms particuliers. L'*arachnoïde*, membrane vasculaire, passe au-dessus des circonvolutions sans pénétrer dans les sillons qui les séparent. La *pie-mère* au contraire s'applique sur toute l'étendue de la surface cérébrale.

La **figure** *B* nous représente le SYSTÈME NERVEUX ENCÉPHALO-RACHIDIEN de l'homme, mis à découvert par une section verticale du crâne et de la colonne vertébrale. Nous y voyons les *hémisphères cérébraux* recouvrant par leur partie postérieure le *cervelet*. Au-dessous des hémisphères cérébraux et en avant du cervelet se trouve le *bulbe* ou *moelle allongée*, en arrière duquel commence la *moelle épinière*.

Le CERVEAU de l'homme est surtout remarquable par son développement. Sa surface est creusée de sillons profonds limitant des saillies auxquelles on donne le nom général de circonvolutions. La description des différentes parties qui constituent le cerveau est très complexe et doit faire l'objet d'une étude spéciale.

Le CERVELET constitue, comme volume, la huitième partie de l'encéphale ; il est réuni à la moelle par trois paires de pédoncules appelés *pédoncules du cervelet*. Sa surface est plissée par un grand nombre de stries parallèles.

La MOELLE ALLONGÉE est cette portion de la face inférieure et postérieure de l'encéphale, intermédiaire au cervelet et à la moelle épinière, avec lesquels elle est en continuité. De ces différentes portions du système nerveux partent un grand nombre de paires de NERFS que l'on distingue en *nerfs crâniens* et en *nerfs médullaires*; les uns sont des nerfs de sensibilité spéciale, les autres président à la sensibilité générale ou aux mouvements.

Les premières PAIRES NERVEUSES au nombre de douze constituent ce que l'on appelle les *nerfs crâniens* ; elles sont toutes représentées dans la **figure** *A* qui montre le cerveau et la moelle épinière par leur face antérieure. En voici l'énumération :

1° Nerf olfactif.

2° Nerf optique.

3° Nerf moteur oculaire commun.

4° Nerf pathétique.

5° Nerf trijumeau ou facial.

6° Nerf moteur oculaire externe.

7° Nerf facial.

8° Nerf auditif.

9° Nerf glosso-pharyngien.

10° Nerf pneumo-gastrique.

11° Nerf spinal.

12° Grand hypoglosse.

La face inférieure du cerveau, outre les paires nerveuses que nous venons de nommer, présente des saillies et des dépressions, parmi lesquelles nous citerons : le *chiasma des nerfs optiques*, le *corps pituitaire*, les *tubercules quadrijumeaux*, la *protubérance annulaire*, le *bulbe rachidien* ou *moelle allongée*, etc., etc.

Les paires nerveuses naissant de la moelle ont été divisées de la façon suivante : 1° *paires cervicales* (au nombre de 8) ; — 2° *paires dorsales* (au nombre de 12) ; — 3° *paires lombaires* (au nombre de 5) ; — 4° *paires sacrées* (au nombre de 6. Toutes ces paires nerveuses naissent de la moelle par deux racines, les racines antérieures ou racines motrices et les racines postérieures ou racines sensitives. Les paires nerveuses de ces différentes régions s'anastomosant entre elles forment des plexus nerveux dont les principaux sont : 1° le *plexus cervical*, formé par les quatre premières paires cervicales ; — 2° le *plexus brachial* par les dernières cervicales et la première dorsale ; — 3° le *plexus lombaire* constitué par tous les nerfs lombaires ; — 4° enfin le *plexus sacré* résultant de l'anastomose d'un filet de la dernière paire lombaire avec toutes les paires sacrées. Ces différents plexus envoient des rameaux nerveux aux organes des différentes régions qui les avoisinent.

La **figure** *D* nous montre quelle est la structure de la moelle épinière dont les deux moitiés sont séparées l'une de l'autre par deux sillons profonds, le *sillon antérieur* et le *sillon postérieur*. En avant se trouvent les racines anté rieures des nerfs rachidiens ; en arrière les racines posté rieures. Au centre de la moelle, sur le prolongement du sillon antérieur et du sillon postérieur, se trouve une ouverture qui est la section du canal central, de chaque côté se voient les ventricules latéraux.

La **figure** *C* représente la MOELLE ÉPINIÈRE isolée. On y voit les différents faisceaux qui la constituent et les renflements qu'elle présente sur son trajet (renflement cervical et lombaire).

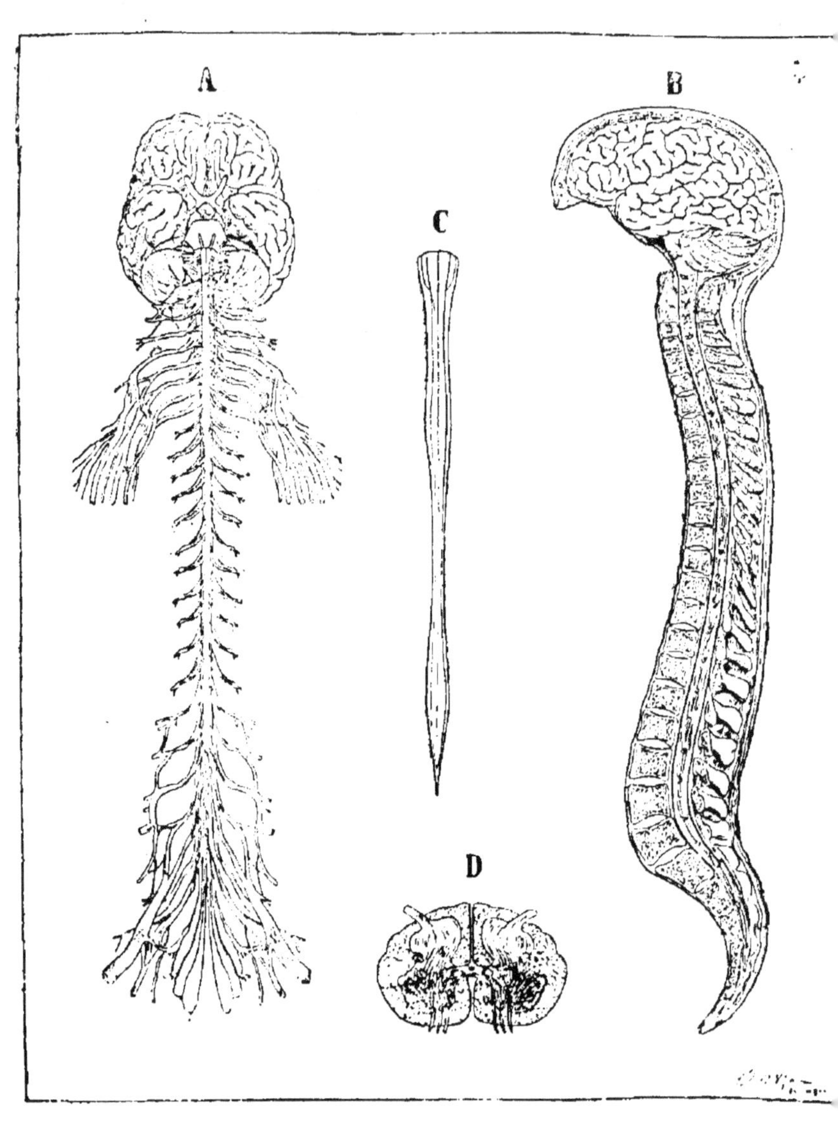

SYSTÈME NERVEUX CÉRÉBRO-SPINAL DE L'HOMME.

EXPLICATION DE LA PLANCHE XXIX.

A. Système nerveux cérébro-spinal de l'homme vu par sa face antérieure montrant : 1° l'origine des douze paires de nerfs crâniens; 2° les paires cervicales, dorsales, lombaires et sacrées, ainsi que les différents plexus qu'elles forment.

B. Système nerveux cérébro-spinal, vu de profil. Le crâne ainsi que la colonne vertébrale ont été sciés sur toute leur longueur. Les méninges ont aussi été enlevées.

C. Figure montrant la moelle épinière isolée.

D. Section transversale de la moelle épinière prise au niveau de la région cervicale, et montrant les racines antérieures et postérieures, ainsi que les sillons antérieur et postérieur de la moelle. De chaque côté du canal central se trouvent les orifices des deux canaux occupés par les veines.

PLANCHE XXX

Système nerveux sympathique de l'homme.

Les fonctions de nutrition, c'est-à-dire la digestion, la respiration, la circulation, s'accomplissent indépendamment de notre volonté, sous l'influence d'un système nerveux particulier, le *grand sympathique* formant une double chaîne de *ganglions* placés les uns à droite, les autres à gauche de la colonne vertébrale, dans les cavités splanchniques et ayant avec le système nerveux de la vie de relation un grand nombre d'anastomoses dont nous ne citerons que les principales.

La planche XXX de cette collection, malgré toute sa complication, ne peut nous donner qu'une faible idée du nombre infini des filets nerveux du grand sympathique, qui forme sur beaucoup d'organes des plexus à mailles très serrées tels que le *plexus solaire*, *Pl.s.*, le *plexus hypogastrique*, *Pl. hy.g.*, etc., etc.

Les ganglions du grand sympathique, divisés suivant la place qu'ils occupent en *ganglions cervicaux*, *ganglions thoraciques*, *ganglions lombaires*, *ganglions sacrés*, auxquels il faut ajouter les ganglions de la tête, reçoivent chacun par leur côté externe des filets nerveux venant des nerfs crâniens ou des racines rachidiennes de la moelle. Ils communiquent entre eux par de nombreux filets anastomotiques. Les principaux ganglions céphaliques sont les suivants : *ganglion ophthalmique*, *ganglion de Meckel* ou *sphéno-palatin*, *ganglion naso-palatin*, etc., etc. Ceux du cou sont au nombre de trois : le *ganglion cervical supérieur*, *G.c.s.*, le *ganglion cer-*

vical moyen, G.c.m., et le *ganglion cervical inférieur*, G.c.i. : ces différents ganglions communiquent entre eux ainsi qu'avec les ganglions voisins par de nombreux filets anastomotiques : ils forment concurremment avec le récurrent et le *nerf pneumogastrique*, N. pn.g., les *plexus cardiaques*, Pl. c., ainsi que le *plexus coronaire*, Pl. co.

La portion thoracique du grand sympathique se compose de douze paires de ganglions, Gl. th., placés en avant de chacune des articulations costo-vertébrales. Ces ganglions reçoivent chacun : un *rameau externe*, venant de la paire rachidienne correspondante ; un *rameau interne* se rendant aux organes voisins où il s'anastomose avec les filets du pneumo-gastrique, N.pn.g., pour former avec les cinq ou six premières paires les *plexus œsophagiens, pulmonaires*, etc. ; celles qui viennent ensuite constituent un plexus beaucoup plus étendu, le *plexus solaire*, Pl.s., dont les *plexus diaphragmatiques, semi-lunaires, surrénaux, cœliaque*, etc., ne sont que des dépendances et auxquels il faut joindre le *plexus mésentérique supérieur* ainsi qu'une partie du *plexus rénal*.

Les paires lombaires, Gl.l., et sacrées, Gl.s., du grand sympathique se rapprochent un peu plus de la face antérieure du corps des vertèbres. Les filets qui en partent donnent naissance aux plexus *lombo-aortique*, Pl.l., *mésentérique inférieur*, Pl.m.i., *plexus sacré hypogastrique*, Pl. hy.g., desquels dépendent un grand nombre de plexus de second et de troisième ordre qu'il serait tout à fait inutile d'énumérer ici.

La même planche nous montre le trajet suivi par le nerf *pneumo-gastrique*. Ce nerf, N.pg., qui prend son origine dans le bulbe rachidien, sort du crâne par le trou déchiré postérieur ; il se distribue aux organes contenus dans la région du cou et des cavités thoraciques et abdominales. Les principales branches se rendent au pharynx, au larynx, au plexus cardiaque formé par le sympathique, à la trachée, aux poumons, à l'œsophage, à la partie antérieure de l'estomac et au foie (nerf pneumo-gastrique gauche), tandis que la portion terminale du pneumo-gastrique droit se rend à la partie postérieure de l'estomac et va se perdre ensuite dans le plexus solaire.

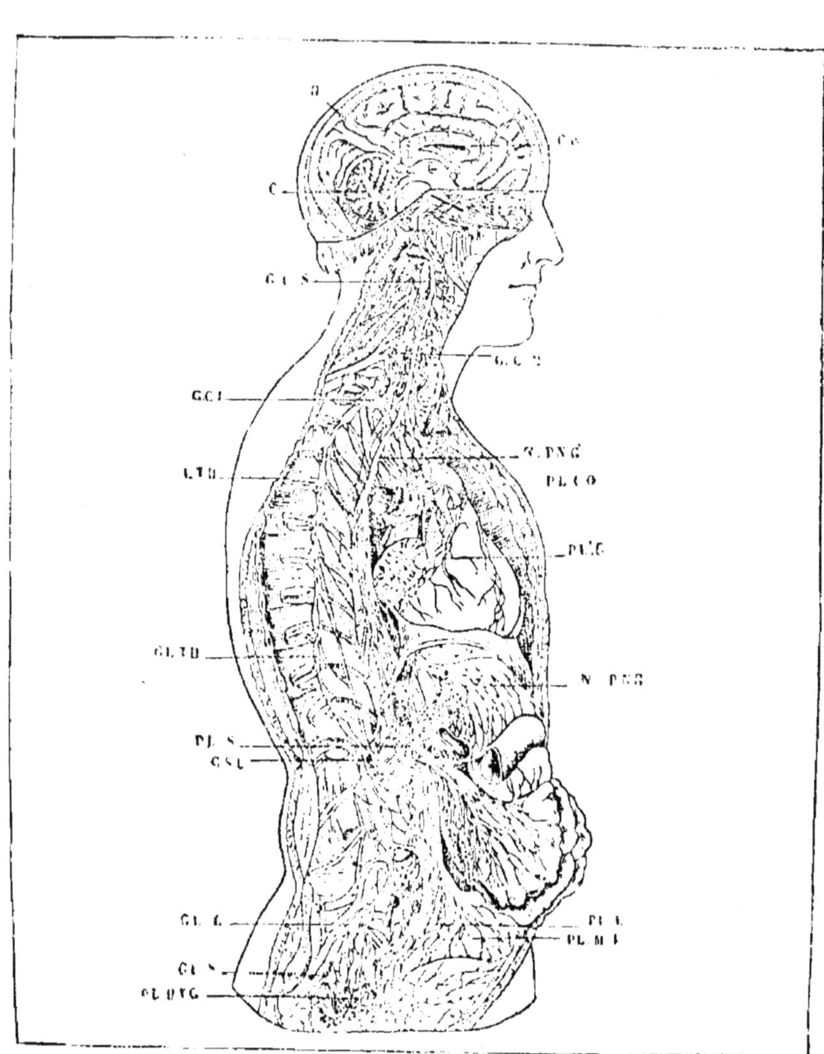

SYSTÈME NERVEUX SYMPATHIQUE DE L'HOMME.

H., hémisphères cérébraux.
C.c., corps calleux.
C., cervelet.
N.p.g., nerf pneumo-gastrique.
G.c.s., ganglion cervical supérieur.
G.c.m., ganglion cervical moyen.
G.c.i., ganglion cervical inférieur.
Gl.th., ganglions thoraciques.
Gl.l., ganglions lombaires.
Gl.s., ganglions sacrés.
Pl.co., plexus coronaire.
Pl.c., plexus cardiaque.
Pl.s., plexus solaire.
G.sl., ganglion semi-lunaire.
Pl.l., plexus lunaire.
Pl.m.i., plexus mésentérique inférieur.
Pl.hyg., plexus hypogastrique.

PLANCHE XXXI

Système nerveux dans la série animale.

Cette planche, qui est le complément de la précédente, nous montre les principales modifications qui s'opèrent dans le système nerveux envisagé dans les différents embranchements du règne animal.

L'Homme, qui marche en tête des animaux vertébrés, a un cerveau remarquable par le grand développement de ses hémisphères qui recouvrent toutes les autres parties de l'encéphale et dont la surface est sillonnée par un grand nombre de circonvolutions. Les hémisphères, qui présentent chacun un *lobe antérieur*, un *lobe moyen* et un *lobe postérieur*, sont réunis entre eux par un pont de substance blanche, le *corps calleux* (*C.c.*, **fig.** *a*). Au-dessous du corps calleux se trouvent les *ventricules*, etc., etc. Les animaux qui se rapprochent le plus de l'homme pour la conformation du cerveau sont les Singes anthropomorphes, l'*orang-outang*, le *chimpanzé*, etc.; mais leurs hémisphères sont toujours moins développés et leurs circonvolutions moins nombreuses. Nous citerons parmi les mammifères chez lesquels le cerveau a les circonvolutions les plus prononcées, ceux de l'ordre des Proboscidiens (éléphant), les Jumentés (**fig.** *b*, *exemple tiré du Cheval*), la plupart des Ruminants, les Carnivores et les Cétacés. Les animaux des autres ordres ont les hémisphères cérébraux très pauvres en circonvolutions, et ces organes sont même dans certains groupes presque lisses : les Rongeurs sont dans ce cas (**fig.** *c*, *exemple tiré du Castor*).

Nous devons faire remarquer que dans presque tous ces animaux le cervelet est plus ou moins découvert, et que chez quelques-uns même, le *Sarcophile oursin* par exemple, cette partie de l'encépale est si reportée en arrière que la couche optique chez ces animaux apparaît à nu entre la partie postérieure des hémisphères et la partie antérieure du cervelet, disposition que nous retrouverons, très accentuée, dans les trois dernières classes de l'embranchement des Vertébrés.

Les Oiseaux, qui ont les facultés intellectuelles moins développées que celles des Mammifères, ont aussi un encéphale moins parfait que celui des derniers animaux de cette classe. Leurs *hémisphères H* sont toujours dépourvues de circonvolutions (**fig.** *d, exemple tiré de la Poule*), le *cervelet C* est proportionnellement plus développé, leurs *tubercules optiques*, *C.o.*, sont très apparents et rejetés en dehors. *Lo.* sont les lobes olfactifs.

La **figure** *c* nous représente le cerveau d'un reptile ; l'exemple est tiré de la *Tortue franche*. Les *hémisphères H* sont peu développés et ne portent aucune trace de circonvolutions. En avant d'eux se trouvent les *lobes olfactifs L.o.*, de la partie antérieure desquels partent plusieurs gros *troncs nerveux* se rendant aux narines. En arrière des hémisphères se voit la *couche optique C.o.*, immédiatement suivie du cervelet qui prend chez ces animaux, ainsi que chez ceux des classes inférieures, une disposition toute particulière rappelant la forme transitoire de cet organe chez l'embryon des vertébrés supérieurs, chez lesquels le cervelet est largement ouvert à la partie postérieure et permet de voir le plancher du *calamus scriptorius* ou quatrième ventricule.

La **figure** *f* nous montre le cerveau d'un batracien vu, comme celui des animaux que nous venons d'étudier, par sa face supérieure, les mêmes lettres indiquent les mêmes régions.

Dans les différents ordres de la classe des Poissons l'encéphale se dégrade de plus en plus, et nous voyons par les **figures** *h* et *g* de cette planche combien les hémisphères cérébraux *H* perdent de leur prépondérance comme volume. La partie de l'encéphale dont le développement l'emporte sur toutes les autres chez ces animaux est la *couche optique C.o.* En avant de cette couche optique sont les *hémisphères H* d'où partent deux prolongements nerveux terminés, dans le voisinage des narines, par un renflement de forme variable. En arrière de la couche optique nous voyons le *cervelet C*, rappelant par sa forme celui des Batraciens.

Chez les animaux qui constituaient pour Cuvier le second embranchement du règne animal, c'est-à-dire chez les Arthropodes et les Vers, le système nerveux apparaît sous la forme d'une double chaîne ganglionnaire s'étendant sur toute la longueur de la face ventrale du corps et reliée aux ganglions qui constituent le cerveau par deux filets nerveux entourant l'œsophage, ce qui constitue le *collier œsophagien* ; le ganglion qui vient immédiatement au-dessous de l'œsophage s'appelle *ganglion sous-œsophagien.* Les ganglions de la chaîne ventrale sont réunis entre eux par des filets nerveux, ils sont tantôt distincts, tantôt réunis plusieurs ensemble ; on dit alors qu'il y a *coalescence* de ganglions, particularité qui s'observe dans les groupes les mieux organisés. La **figure** *h* représente le système nerveux d'un ver, l'exemple est tiré de la *Sangsue médicinale (G.c.* est le ganglion céphalique). Dans la **figure** *i* nous représentons le système nerveux d'un insecte de l'ordre des Hyménoptères (*G.c.*, ganglion céphalique ; — *G.œ.*, ganglion sous-œsophagien ; — *G.t.*, ganglion thoracique résultant de la coalescence de plusieurs ganglions ; — *G.a.*, *G'.a'*, et suivants, ganglions abdominaux). De chacun de ces ganglions partent des filets nerveux se rendant aux organes voisins. Dans quelques groupes de la classe des Vers le système nerveux est très rudimentaire.

Dans les animaux de l'embranchement des Mollusques,

le **cerveau** est représenté par un amas ganglionnaire assez apparent ; il est relié, comme chez les Articulés, au *ganglion sous-œsophagien* par des filets nerveux entourant l'œsophage. Mais ces animaux ne possèdent plus de chaîne ganglionnaire ; leurs ganglions dispersés sur les principaux points du corps ne communiquent entre eux que par des filets nerveux très grêles.

Nous représentons, **figure** *l*, le système nerveux d'un CÉPHALOPODE (*l'exemple est tiré de la Seiche commune*). Le *ganglion céphalique G.c.* est relié au *ganglion sous-œsophagien ; — G.s.* est le *ganglion stomacal ; — L.c.*, le *ganglion cutané ; — L.g.*, le *ganglion génital.*

La **figure** *m* représente le système nerveux d'un MOLLUSQUE LAMELLIBRANCHE (*exemplIIe tiré de l'huître*). *G.c.*, *ganglion céphalique ; — G.p.*, *ganglion pédieux.*

Chez les GASTÉROPODES le système nerveux, moins parfait que celui des Céphalopodes comme organisation, est pourtant supérieur à celui d'un acéphale. *G.c.*, ganglion céphalique, d'où partent des nerfs se rendant au ganglion pédieux, aux tentacules qui surmontent la partie céphalique de ces animaux, etc., etc.

Chez les ÉCHINODERMES l'appareil nerveux, déjà fort dégradé, n'est représenté déjà chez ces animaux que par une simple couronne de ganglions disposés autour de la bouche de ces animaux. Ces ganglions sont unis entre eux par des filets nerveux ; ils envoient aussi des branches nerveuses dans les différents organes du corps.

On a constaté chez les POLYPES l'existence de nerfs se rendant aux organes de la vision et de l'audition, mais on n'a pas encore observé chez eux des centres nerveux.

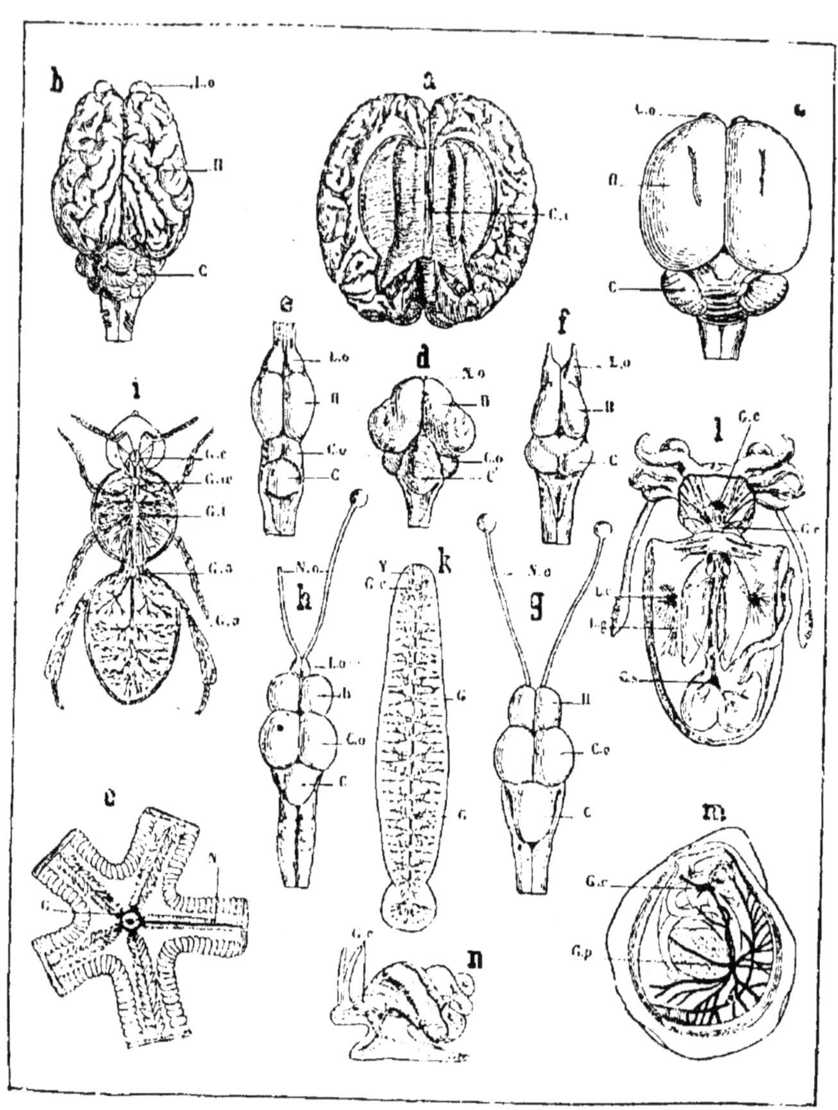

SYSTÈME NERVEUX DANS LA SÉRIE ANIMALE.

EXPLICATION DE LA PLANCHE XXXI.

a. **Encéphale de l'homme.** La partie supérieure des hémisphères a été enlevée pour montrer le corps calleux *C.c.*

b. **Encéphale d'un jumenté** (EXEMPLE TIRÉ DU CHEVAL). *H*, hémisphères ; — *C*, cervelet ; — *L.o.*, lobe olfactif.

c. **Encéphale d'un rongeur** (EXEMPLE TIRÉ DU CASTOR). *H*, hémisphères ; — *C*, cervelet.

d. **Encéphale d'un oiseau** (EXEMPLE TIRÉ DE LA POULE DOMESTIQUE). *H*, hémisphères ; — *C.o.*, couche optique ; — *C*, corps calleux ; — *N.o.*, lobe olfactif.

e. **Encéphale d'un reptile** (EXEMPLE TIRÉ DE LA TORTUE FRANCHE). *H*, hémisphères ; — *L.o.*, lobes olfactifs ; — *C.o.*, couche optique ; — *C*, cervelet.

f. **Encéphale d'un batracien** (EXEMPLE TIRÉ DE LA GRENOUILLE VERTE). *H*, hémisphères ; — *L.o.*, lobes olfactifs ; — *C.o.*, couche optique ; — *C*, cervelet.

g. **Encéphale d'un poisson** (EXEMPLE TIRÉ DE LA GARPE). *H*, hémisphères ; — *N.o.*, prolongements olfactifs ; — *C.o.*, couche optique ; — *C*, cervelet.

h. **Encéphale d'un poisson** (EXEMPLE TIRÉ DU TRIGLE). Les mêmes lettres représentent les mêmes régions que dans la figure précédente.

i. **Système nerveux d'un insecte** (EXEMPLE TIRÉ DE L'ABEILLE). *G.c.*, ganglion céphalique ; — *G.œ.*, ganglion œsophagien ; — *G.t.*, ganglion thoracique ; — *G.a.*, ganglions abdominaux.

k. **Système nerveux d'un ver** (EXEMPLE TIRÉ DE LA SANGSUE, animal de la classe des Annélides).

l. Système nerveux d'un mollusque céphalopode (EXEMPLE TIRÉ DE LA SEICHE). *G.c.*, ganglion céphalique ; — *G.œ.*, ganglion sous-œsophagien ; — *G.s.*, ganglion stomacal ; — *G.c.*, ganglion cutané ; — *G.g.*, ganglion génital.

m. Système nerveux d'un mollusque lamellibranche (EXEMPLE TIRÉ DE L'HUÎTRE). *G.c.*, ganglion céphalique ; — *G.p.*, ganglion pédieux.

n. Système nerveux d'un mollusque gastéropode. *G.c.*, ganglion céphalique.

o. Système nerveux d'un échinoderme (EXEMPLE TIRÉ DE L'ÉTOILE DE MER). *G.*, ganglions disposés en cercle autour de la bouche.

PLANCHE XXXII

Œuf et développement de l'œuf chez les animaux vertébrés.

L'œuf des animaux vertébrés, dont les dimensions varient beaucoup suivant les classes auxquelles ces animaux appartiennent, a pour partie essentielle le **vitellus** ou **jaune de l'œuf**, substance composée de granulations d'apparence graisseuse, d'un jaune plus ou moins foncé et réunies par une substance homogène amorphe. Ce vitellus (*V*, **fig.** *c, exemple tiré de l'œuf de la Poule*) est entouré, par la *membrane vitelline*; il présente dans le voisinage de sa surface une tache blanche d'un faible diamètre, la *cicatricule T.g.* ou *vésicule germinative* contenant la *tache germinative* qui devient le point de départ de l'embryon aussitôt que commence son évolution. Le vitellus est lui-même entouré par l'*albumen A*, au milieu duquel il est suspendu par les *chalazes Ch*, organes glaireux qui le rattachent, chez l'oiseau, à la membrane qui double à sa face interne la coquille de l'œuf. La coquille est formée, chez les Oiseaux, les Reptiles, etc., par une matière organique encroûtée de sels calcaires.

Aussitôt que l'œuf fécondé entre en voie de développement, que ce soit dans l'intérieur du corps de la femelle, comme chez les animaux vivipares (Mammifères, quelques Reptiles et Poissons), ou à l'extérieur (comme chez tous les oiseaux, la plupart des Reptiles, les Batraciens et presque tous les Poissons), il se produit dans le vitellus un phénomène particulier auquel on donne le nom de *segmentation*,

Le *blastoderme* qui résulte de la transformation du *vitellus* se divise en trois feuillets dont l'un produira le tube digestif et ses annexes, le second les centres nerveux, le troisième enfin, intermédiaire aux deux autres, donnera le système vasculaire, etc.

En même temps que ces feuillets se développent, l'embryon grandit ; il est alors complètement enveloppé par l'*amnios* (**fig.** *d, Am*), et ses lames ventrales se rapprochant de plus en plus forment autour de l'ombilic un anneau qui va se rétrécissant de plus en plus et d'où partent deux vésicules : l'une, la *vésicule vitelline* ou *vésicule du jaune*, qui tend à disparaître ; l'autre, existant seulement chez les Mammifères, les Oiseaux et les Reptiles, appelée *vésicule allantoïde, V. a.* La vésicule allantoïde augmente au contraire de plus en plus et concourt à former, avec le chorion, chez les Vertébrés de la première classe, c'est-à-dire les Mammifères, l'organe transitoire nommé *placenta*, organe qui s'applique contre la membrane externe de l'utérus et permet au fœtus de se nourrir aux dépens de sa mère.

L'œuf des Mammifères a, à peu de chose près, la même constitution que celle de l'œuf des oiseaux chez lesquels nous venons de l'étudier ; ses dimensions sont infiniment petites. Comme celui des oiseaux, il se développe dans un organe particulier placé dans la cavité abdominale de la femelle et que l'on nomme l'*ovaire*.

L'œuf est recueilli, chez la plupart des animaux vertébrés supérieurs, par un organe en forme d'entonnoir appelé *pavillon* qui le dirige, par l'intermédiaire de l'oviducte, dans l'utérus où il doit achever son développement s'il a été fécondé (chez les Mammifères) ou bien être rejeté au dehors, ce qui a lieu pour les animaux désignés sous le nom d'ovipares. Chez certains ovipares, les Poissons, par exemple, les œufs tombent directement de l'ovaire dans la cavité péritonéale d'où ils sont ensuite rejetés au dehors. Rappelons que ces animaux, ainsi que les Batraciens, constituent le groupe des *Vertébrés anallantoïdiens*, c'est-à-dire qu'ils n'ont pas de *vésicule allantoïde.*

La **figure** *b* nous représente l'ORGANE FEMELLE D'UN OISEAU (*exemple tiré de la Poule*). *Ov.* est l'ovaire. En avant se trouve un ovule qui vient de rompre la *vésicule de Graaf* qui l'enveloppait. Cet ovule, recueilli par le *pavillon de la trompe P*, descendra peu à peu dans l'*oviducte O*, que nous avons représenté ouvert sur deux points de son trajet. En parcourant cet oviducte l'œuf s'entoure d'albumen, et avant d'arriver au niveau du cloaque il est déjà enveloppé par la coque calcaire. Du *cloaque Cl*, dans lequel débouchent, en même temps que l'oviducte, le rectum, les uretères, etc., l'œuf est rejeté au dehors. Chez les oiseaux l'un des ovaires ainsi que l'oviducte correspondant *O'* avorte presque toujours.

La **figure** *a* nous représente un FŒTUS DE MAMMIFÈRE (*exemple tiré du Chien*) arrivé à une période déjà avancée de son développement. L'embryon ou fœtus est complètement enveloppé par l'*amnios* appelée aussi *poche des eaux* à cause du liquide qu'elle contient. On aperçoit par transparence sa vésicule vitelline qui est sur le point de disparaître. De chaque côté du pédicule de cette vésicule se trouvent les vaisseaux artériels et vaisseaux constituant le *cordon ombilical*. Ces vaisseaux se rendent au placenta qui est ici de forme zonaire. *Ch* représente le *chorion* ou enveloppe externe de l'œuf.

Les **figures** *e*, *f*, *g*, *h*, *i*, *k*, *l*, *m*, *n*, *o*, *p*, représentent les différentes phases de développement de l'œuf chez un VERTÉBRÉ ALLANTOÏDIEN (*l'exemple est tiré de la Grenouille verte*).

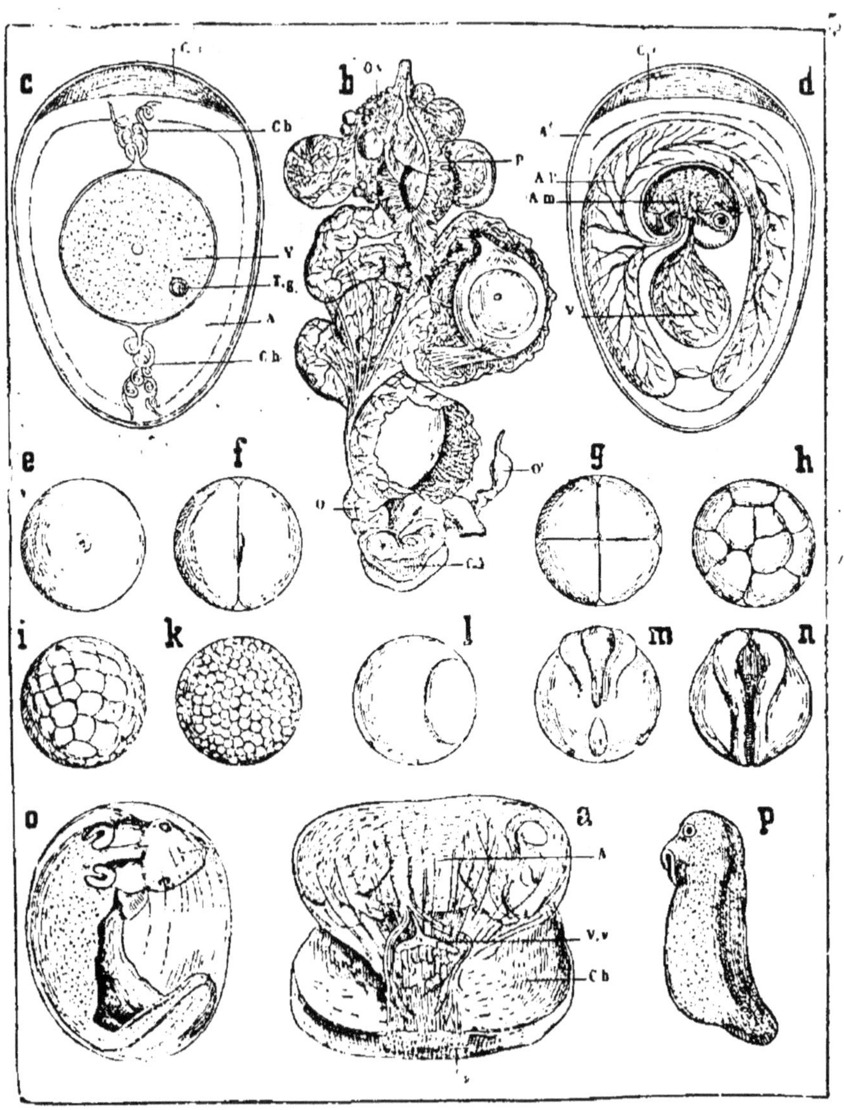

OEUF ET SON DÉVELOPPEMENT CHEZ LES ANIMAUX VERTÉBRÉS.

EXPLICATION DE LA PLANCHE XXXII.

a. **Embryon de mammifère dans l'œuf** (EXEMPLE TIRÉ DU CHIEN DOMESTIQUE). Le chorion *Ch* a été ouvert. — *P* représente le placenta ; — *V. v.* la vésicule vitelline ; — *A* l'amnios.

b. **Appareil femelle d'un oiseau.** *Ov.*, ovaire ; — *P*, pavillon de la trompe ; — *O.* oviducte contenant des œufs ; — *Cl*, le cloaque ; — *O'*, oviducte avorté.

c. **Coupe verticale de l'œuf de la Poule.** Extérieurement se voit la coque calcaire doublée, à sa face interne, par une membrane sur laquelle viennent se fixer les chalazes *Ch* ; — *A*, albumen ; — *V*, vitellus ; — *T. g.*, vésicule germinative.

d. **Œuf de poule après quelques jours d'incubation.** *Am*, membrane amnios entourant le poulet ; — *V*, vésicule du jaune ; — *Al*, allantoïde ; — *A*, albumen — *C*, chambre à air.

e, f, g, h, i, k, l, m, n, o, p. Œuf d'un vertébré anallantoïdien à différentes époques de son développement (EXEMPLE TIRÉ DE LA GRENOUILLE VERTE).

PLANCHE XXXIII

Métamorphoses des Insectes.

Le plus grand nombre des animaux de l'embranchement des **Arthropodes** subissent, avant d'arriver à leur état parfait, une série de modifications de forme et d'organisation que l'on désigne sous le nom de **métamorphoses**. Ces métamorphoses, lorsqu'elles se produisent, sont complètes ou incomplètes.

Dans le premier cas, et c'est ce que l'on observe chez les Névroptères, les Diptères, les Hyménoptères, les Lépidoptères (**fig.** *b, exemple tiré du Bombyx de l'ailante*), les Coléoptères (**fig.** *c, exemple tiré du Hanneton*), l'animal à la sortie de l'œuf (1, **fig.** *b*) se présente à nos yeux sous la forme de *larve* ou *chenille* (2, **fig.** *b*).

Les Chenilles ont la tête bien apparente et le corps composé de douze anneaux dont les trois premiers portent chacun une paire de pattes qui deviendront les organes de locomotion désignés sous ce nom chez l'animal parfait. Les anneaux qui occupent la région médiane du corps ne sont pourvus que de *fausses pattes*, organes transitoires dont l'animal adulte ne portera aucune trace.

Lorsque la chenille atteint son entier développement, elle se transforme en *chrysalide*. Suivant l'espèce à laquelle elle appartient, la *larve* se retire tantôt sous la terre, tantôt dans les anfractuosités d'un vieux mur, ou bien encore se fixe à une branche d'arbre, à une feuille, sur laquelle elle s'enroule et tisse son *cocon* (3 et 3′, **fig.** *b*).

La chrysalide ou nymphe, qui est le second état sous lequel certains insectes se montrent à nous, reste pendant un certain temps dans un état de mort apparente ; elle trahit déjà par ses formes extérieures les caractères de l'animal parfait. Puis au bout d'un certain temps l'enveloppe qui la protège se rompt, l'animal perce le cocon qui l'entoure, et le papillon apparaît à l'extérieur avec les formes gracieuses et les brillantes couleurs que nous lui voyons dans la plupart des espèces qui fréquentent nos jardins.

Les Coléoptères sont, comme nous venons de le dire, rangés parmi les insectes à métamorphoses complètes. La **figure** *c* représente les différents états d'un animal de cet ordre. 1 et 1′ sont les larves qui vivent dans la terre, 2 la nymphe, 3 l'insecte parfait.

D'autres insectes, parmi lesquels nous citerons les Orthoptères, les Névroptères et les Hémiptères, n'ont que des demi-métamorphoses, c'est-à-dire que leurs larves sortent de l'œuf dans un état de développement assez avancé pour leur permettre de se nourrir des substances qu'elles doivent manger toute leur vie. Puis ces larves, prenant des ailes d'abord rudimentaires, deviennent *nymphes* et plus tard *insectes* parfaits lorsque ces organes ont atteint leur entier développement. Ces insectes subissent pendant ces différentes périodes un certain nombre de mues.

Nous prendrons pour exemple d'insectes à métamorphoses incomplètes le Phylloxera. Ce parasite, qui produit de si grands ravages dans nos vignes et menace de détruire complètement une partie de la richesse de la France, sort d'un œuf microscopique déposé sur le chevelu des racines de la vigne et que nous montrons sous trois phases différentes de son développement dans les **figures** 1, 2 et 3 de la figure *a* de cette planche. Au moment de sa sortie de l'œuf (4, **fig.** *a*), l'insecte est d'un jaune couleur de soufre; lorsqu'arrive l'hibernation cette couleur devient plus foncée et passe souvent au brun (**fig.** 5), puis il subit une série de mues dont le nombre est généralement de trois (**fig.** 6, *individu après la deuxième mue*). La **figure** 7 représente une mère pondeuse ; la **figure** 8, une femelle fécondée dont les téguments transparents permettent de voir l'œuf contenu dans la cavité abdominale. Le jeune phylloxera se transforme ensuite en nymphe (**fig.** 9, *nymphe vue par la face dorsale*) et enfin en insecte ailé (**fig.** 10 et 10', *femelle ailée vue par la face dorsale* 10 *et par la face ventrale* 10').

La **figure** *d* nous donne les différents états d'un autre insecte à métamorphoses incomplètes ; il appartient à l'ordre des Névroptères et l'exemple est tiré de la *Libellule*. Sous les numéros 1 et 1' de la **figure** *d*, nous représentons les larves carnassières de la libellule. Ces larves, comme celles qui vivent sur terre, subissent des mues, puis se transforment en nymphes (2, **fig.** *d*). Dans la **figure** 3 nous représentons l'insecte parfait au moment où il prend son vol.

EXPLICATION DE LA PLANCHE XXXIII.

a. **Exemple d'insectes à métamorphoses incomplètes** (EXEMPLE TIRÉ DU PHYLLOXERA VASTATRIX, insecte de l'ordre des Hémiptères). **Fig.** 1, 2 et 3, œuf à différentes périodes de son développement ; — **fig.** 4, insecte sortant de l'œuf ; — **fig.** 5, individu hibernant ; — **fig.** 6, insecte plusieurs jours après la mue ; — **fig.** 7, mère pondeuse ; — **fig.** 8, femelle fécondée vue par la face ventrale ; l'œuf qui occupe l'intérieur de la cavité abdominale est vu par transparence ; — **fig.** 9, nymphe vue par la face dorsale ; — **fig.** 10 et 10', individu ailé vu par la face dorsale et par la face ventrale.

b. **Exemple d'insectes à métamorphoses complètes** (EXEMPLE TIRÉ DU PAPILLON DE L'AILANTE, insecte de l'ordre des Lépidoptères). 1, feuille portant des œufs ; — 2, larve ou chenille ; — 3, cocons ; — 3', cocon ouvert pour montrer la nymphe ou chrysalide ; — 4, papillon.

c. **Exemple d'insectes à métamorphoses complètes** (EXEMPLE TIRÉ DU HANNETON COMMUN, insecte de l'ordre des Coléoptères). 1 et 1', larves ; — 2, nymphe ; — 3, insecte parfait.

d. **Exemple d'insectes à métamorphoses incomplètes** (EXEMPLE TIRÉ DE LA LIBELLULE, insecte de l'ordre des Névroptères). 1, larve aquatique ; — 1', larve aquatique saisissant un insecte ; — 2, nymphe pendant la mue ; — 3, insecte parfait.

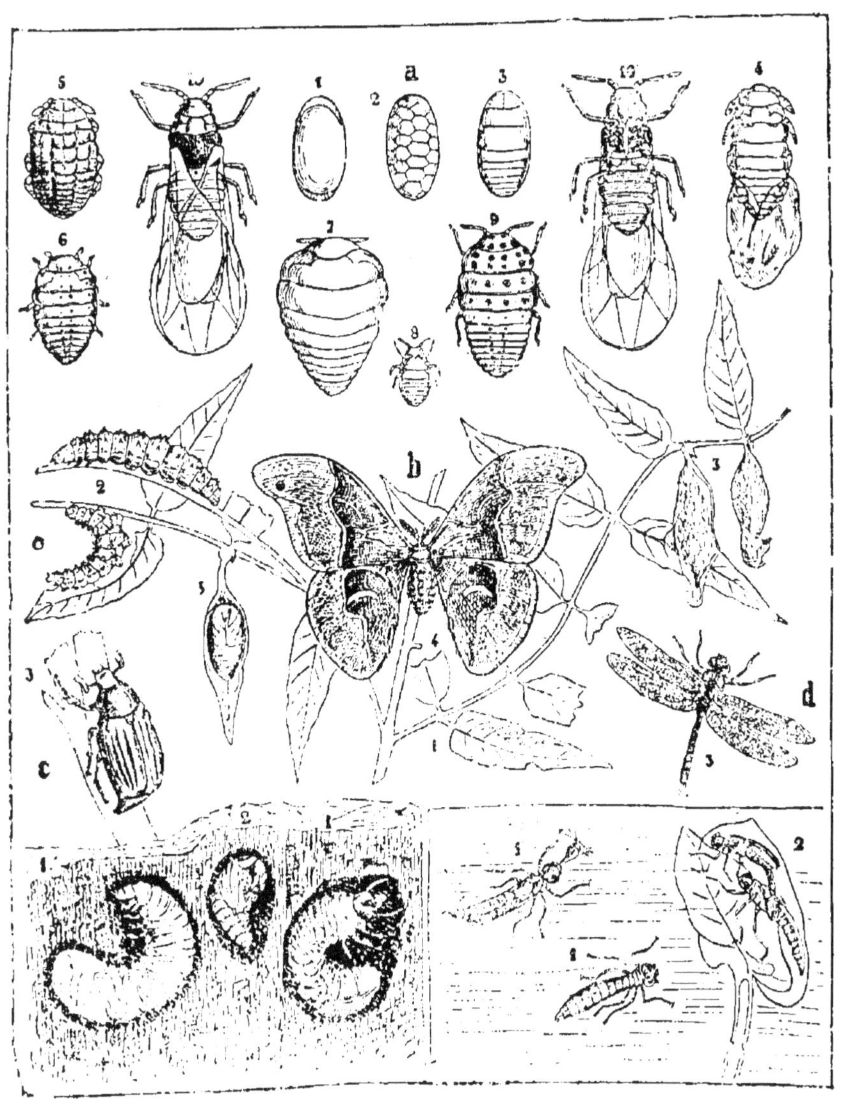

MÉTAMORPHOSES DES INSECTES.

PLANCHE XXXIV

Insectes et Arachnides nuisibles.

Nous représentons sur cette planche quelques-uns des principaux **insectes et arachnides nuisibles.**

1° Dans l'ordre des Lépidoptères :

La Piéride du choux (**fig.** *a*). La chenille de ce papillon dévore les feuilles des différentes espèces de choux ; elle ne tisse point de cocon, mais se fixe à la tige de quelque végétal et se transforme en nymphe. Nous représentons sur cette figure le papillon femelle.

La Pyrale de la vigne, dont la larve dévore les feuilles de ce végétal. Nous représentons dans la **figure** *b* la larve de cet insecte ainsi que le papillon mâle et le papillon femelle.

La Teigne des tapisseries, dont la chenille ronge les étoffes de laine et se construit, avec les débris qu'elle en tire, une sorte de fourreau qui lui sert d'abri. Nous montrons dans la **figure** *b* la larve de cet insecte rongeant un morceau de tapisserie ; de chaque côté se voient, à droite une larve mise à nu, sur la gauche une larve entourée de son fourreau. Dans le haut de la figure nous avons dessiné l'insecte parfait, les ailes étalées.

Le Bombyx processionnaire. Les chenilles de cette espèce éclosent dans le courant de mai ; elles vivent par bandes nombreuses et dépouillent en quelques jours de leurs feuilles les plus grands chênes de nos forêts. C'est pendant la nuit que ces larves opèrent leurs ravages; le jour elles se cachent dans leurs nids. La **figure** *d* nous montre plusieurs chenilles de cette espèce montant le long du tronc d'un chêne, ainsi que le papillon femelle, les ailes étendues.

La Noctuelle des moissons. C'est une des lépidoptères les plus nuisibles à l'agriculture. La chenille s'attaque à un certain nombre de végétaux, surtout aux betteraves, aux différentes plantes potagères, à celles qui font l'ornement de nos parterres, etc., etc. La **figure** *e* représente le papillon ainsi que la chenille de cette espèce.

2° **Dans l'ordre des Hyménoptères :**

La Fourmi rousse. Cet insecte, si intéressant au point de vue de ses mœurs, envahit nos jardins et nos demeures, pillant tout ce qui se trouve à sa portée. La **figure** *f* représente une femelle ailée, un mâle également pourvu d'ailes et dont l'abdomen est moins développé, enfin une ouvrière qui est de beaucoup l'individu le plus intéressant de la colonie.

La Guêpe des bois. Cet hyménoptère, qui construit son nid sur les arbres, détruit un grand nombre de fruits. Sa piqûre est aussi très dangereuse pour l'homme. La **figure** *g* représente un individu de cette espèce. Le nid est formé d'une multitude de petites lames d'une substance grise ayant une certaine analogie avec du carton.

3° **Dans l'ordre des Orthoptères :**

La Sauterelle ou Criquet voyageur (**fig.** *h*), un des plus grands fléaux de notre colonie algérienne. Ces animaux s'abattent par bandes innombrables sur les moissons qu'elles dévorent en quelques heures.

La Blatte, qui s'attaque à toutes les substances animales ou végétales desséchées, se cache dans nos magasins, sur les navires, etc., et dévore ou détruit les denrées alimentaires. La **figure** *g* représente un insecte adulte et au-dessous sa larve, encore dépourvue d'ailes.

La Courtilière ou Taupe-grillon (**fig.** *k*, qui détruit un grand nombre de végétaux en coupant leurs racines ou en creusant autour de ces organes des galeries souterraines.

4° Dans l'ordre des Coléoptères :

Le Dermeste, dont la larve pourvue de longs poils est un véritable fléau pour les pelleteries, les viandes de conserve, etc., etc. Nous représentons dans la **figure** *l* la larve de cet insecte, sa nymphe et l'insecte parfait.

L'Altise de la vigne, dont la larve dévore les feuilles de ce végétal ainsi que la jeune grappe (**fig.** *m*, larve et insecte parfait.)

Le Calandre du blé et le Calandre du riz, le premier représenté dans le haut de la **figure** *n*, le second au-dessous.

5° Dans l'ordre des Thysanoptères :

Le Thryps des céréales (**fig.** *d*), insecte aux ailes frangées dans l'âge adulte, dépourvu d'ailes chez le jeune qui ronge les grains.

6° Dans l'ordre des Hémiptères :

Le Kermès du figuier, dont la femelle ressemble à une petite patelle, s'applique sur la feuille, la branche ou le fruit de cet arbre et épuise ces différentes parties en y puisant les sucs nourriciers.

7° Dans l'ordre des Névroptères :

Les Termites lucifuges, insectes mineurs qui causent de grands ravages, surtout dans les pays chauds, et dont nous représentons dans la **figure** *q* le mâle qui est pourvu d'ailes, la femelle qui n'a que des ailes rudimentaires et un ouvrier dont la taille est beaucoup plus petite.

8° Dans l'ordre des Diptères :

La Mouche de la viande, que tout le monde connaît. Dans la **figure** *r* sont représentés les œufs de cette espèce fortement grossis, les larves qui en sortent et l'insecte parfait.

Le Taon des bœufs (**fig.** *s*), dont les métamorphoses s'opèrent dans le sol.

9° Dans l'ordre des Arachnides :

Le Scorpion dont les piqûres sont souvent très dangereuses pour l'homme.

L'Acarus de la gale de l'homme, parasite dont il est si facile de se débarrasser et qui produit, en creusant des sillons à la surface de notre peau, des démangeaisons souvent intolérables.

PL. XXXIV.

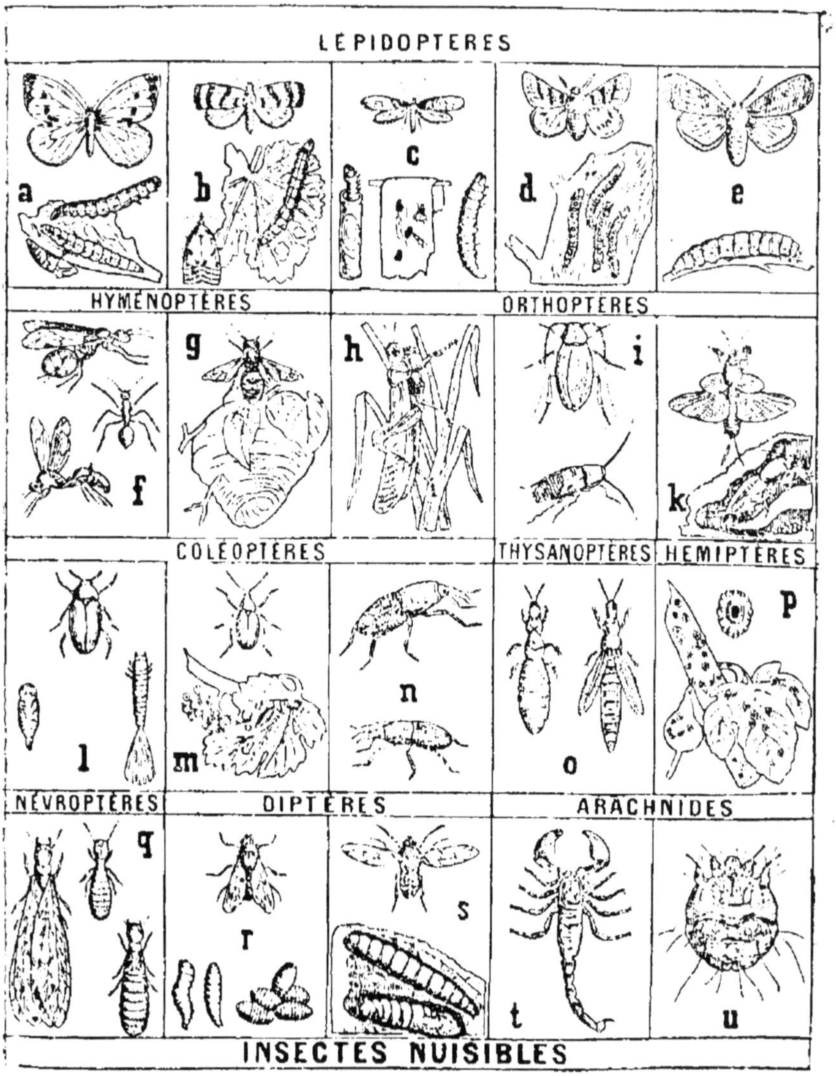

INSECTES ET ARACHNIDES NUISIBLES.

EXPLICATION DE LA PLANCHE XXXIV.

a. **Piéride du chou** (chenille, chrysalide et papillons).

b. **Pyrale de la vigne** (chenille, papillons mâle et femelle).

c. **Teigne des tapisseries** (larve rongeant une étoffe de laine ; — larve grossie ; — papillon).

d. **Bombyx processionnaire** (chenilles et papillons).

e. **Noctuelle des moissons** (chenille et papillon).

f. **Fourmi rousse** (femelle ailée, mâle ailé, ouvrière).

g. **Guêpe des bois.**

h. **Sauterelle ou criquet voyageur.**

i. **Blatte américaine** (individu adulte et larve).

k. **Courtilière** (taupe-grillon).

l. **Dermeste des pelleteries** (larve, nymphe et insecte parfait).

m. **Altise de la vigne** (larve rongeant une feuille et insecte parfait).

n. 1° **Calandre du blé** ; 2° **Calandre du riz.**

o. **Thryps des céréales** (individu jeune dépourvu d'ailes et individu adulte).

p. **Kermès du figuier,** individus femelles fixés sur les branches, les feuilles et les fruits de ce végétal ; individu femelle isolé et grossi.

q. **Termites** (individu mâle pourvu d'ailes ; — individu femelle portant des ailes rudimentaires ; — soldat).

r. **Mouche de la viande** (œufs, larves et insecte parfait).

s. **Taon** (larve et insecte parfait).

t. **Scorpion.**

u. **Acarus de la gale.**

CORBEIL. Typ. et stér. CRÉTÉ.

www.ingramcontent.com/pod-product-compliance
Lightning Source LLC
LaVergne TN
LVHW012252170726
843503LV00002B/520